社会资本对科技社团治理有效性的影响研究

鲁云鹏 著

燕山大学出版社

·秦皇岛·

图书在版编目（CIP）数据

社会资本对科技社团治理有效性的影响研究 / 鲁云鹏著. —秦皇岛：燕山大学出版社，2022.12

ISBN 978-7-5761-0215-4

Ⅰ.①社… Ⅱ.①鲁… Ⅲ.①社会资本—影响—科学研究组织机构—社会团体—管理—研究 Ⅳ.①G311

中国版本图书馆 CIP 数据核字（2021）第 151717 号

社会资本对科技社团治理有效性的影响研究
鲁云鹏 著

出 版 人：陈　玉	
责任编辑：张岳洪	策划编辑：唐　雷
责任印制：吴　波	封面设计：方志强
出版发行：燕山大学出版社 YANSHAN UNIVERSITY PRESS	电　　话：0335-8387555
地　　址：河北省秦皇岛市河北大街西段 438 号	邮政编码：066004
印　　刷：英格拉姆印刷(固安)有限公司	经　　销：全国新华书店
开　　本：170mm×240mm　1/16	印　　张：13
版　　次：2022 年 12 月第 1 版	印　　次：2022 年 12 月第 1 次印刷
书　　号：ISBN 978-7-5761-0215-4	字　　数：200 千字
定　　价：46.00 元	

版权所有　侵权必究

如发生印刷、装订质量问题，读者可与出版社联系调换

联系电话：0335-8387718

前　言

当前，激发社会组织活力，优化其治理质量，推进社会组织治理现代化，已成为我国社会治理转型阶段下重要的执政方针与价值取向。科技社团作为社会组织的重要组成部分，不仅在联系与团结科技工作者，实现其意愿的表达中发挥着重要作用，而且在推动科技进步、知识传播与普及、政策建议、国家创新等方面也扮演着不可忽视的角色。现阶段，我国一级科技社团虽然基本上建立了现代化治理结构与治理机制，但仍旧面临着在科技服务与传播等治理目标实现过程中效率不佳、社会影响力不高、会员归属感不强、"治理形似而神不似"等诸多问题。然而，针对提升科技社团治理有效性的研究却颇为匮乏，研究方法也多局限于规范性分析上，使得相关理论探索角度单一、深度不足，难以切中影响科技社团治理有效性提升的要害。

基于此，本书依循学科间交叉融合与分类治理的研究逻辑，在理论层面上，依照"治理结构—治理机制—治理目标"的研究范式，结合科技社团治理特殊性，对科技社团治理有效性进行概念化，发现社会资本是影响科技社团治理有效性提升的重要因素，并结合社会资本理论与资源依赖理论，对其背后的作用机理进行理论阐述。在评价层面上，借鉴当前主流文献的相关结论，以"治理结果有效"为导向，对科技社团治理有效性从科技传播与科技服务两个方面进行综合量化。在为本书实证研究提供数据支撑的同时，也指出我国科技社团治理有效性总体水平不高、亟须进一步提升的现实问题。在实证层面上，以中国科协下属的全国一级科技社团作为研究样本，从结构型与认知型两个维度，对"社会资本如何影响科技社团治理有效性"这一科学问题进行实证检验，主要结论如下：

第一，良好的结构型社会资本能够有效促进科技社团治理绩效的实现，具体表现在网络成分、网络规模与网络质量三个方面。即多元的网络成分，能够降低冗余性知识与重复性关系，强化组织信息持有类别的优势；网络规模所反映的结构型社会资本存量，能够利用丰富的信息桥梁与关系网络，拓宽组织获取资源与影响力半径，为结构内成员与组织本身创造出更多学术交流与合作机会；而较好的网络质量，可以帮助科技社团构建差序格局与权威关系，并借助资源获取的渠道效应，承接更多政府工作职能的转移，推动治理目标的实现。

第二，优质的认知型社会资本能够促进科技社团高效实现专业知识的传播与服务，达到结果有效的目的，并反映在认知语言、认知规范与认知互动三个方面。即认知语言能够促使社团内会员提升相互理解与沟通的能力，强化个体会员对组织的有效承诺与价值认同，提升其融入社团开展学术交流、科技咨询等活动的积极性与意愿；认知规范则能够通过规章制度与监督机制，整合社团内的秩序与力量，约束组织成员机会主义行为的发生，形成"基于制度的信任"；此外，学会与会员或科技工作者间进行有效互动，能够强化彼此的信息与利益共享，推动信息披露机制作用的发挥，提升会员与组织的专业素养，进而形成较强的互惠关系，为科技社团治理目标的实现带来积极影响。

第三，社会资本对科技社团治理有效性作用的发挥也受到制度环境的影响。一方面，较弱的行政干预能够使得科技社团结构型社会资本的作用得以有效实现。但另一方面，在由高度行政力量搭建的体制结构内，社会资本的影响作用也会发生变质。即科技社团因政治关联与挂靠关系，与政府形成一种"政绩共享"的强互惠关系，易产生政府职能"虚假转移"现象，进而阻碍科技社团"脱钩"的积极性。此外，在大科学时代背景下，科技社团需积极强化自身专业化的运作水平，搭建现代化的沟通渠道与方式，以进一步激活社会资本对科技社团治理有效性的正向影响作用。

本书的主要创新点在于，突破以往关于科技社团治理有效性的探索多归结于"政社关系"的研究窠臼之中，而是将其作为研究情景，从社会资本角度出发，发现结构型与认知型社会资本的重要作用。这在一定程度上丰富了科技社团治理的研究成果，为我国科技社团治理改革提供新的抓手与思路，而研究主体的创新也拓展了社会资本理论的研究框架与半径。同时，在科技社团治理有效性研究中,本书率先导入评价量表的开发与实证分析。这为量化分析科技社团治理有效性、规范社会组织治理研究等方面作出了新的尝试。

本书所发现的相关结论与问题,不仅为后续研究提供启发与新的理论对话点,同时也为提升我国科技社团治理能力,激发科技社团活力与社会影响力,深化治理转型,在社会组织治理改革领域中形成良好的示范效应,防范社会组织领域内"行政型治理回潮",构建良好的"营社环境"等方面,提供了有裨益的理论指导。

本项研究获得河北省高等学校科学研究青年拔尖人才项目"科技社团参与科技协同创新的治理机制与效能优化研究"(BJS2022015)的资助。

限于作者水平和经验,书中难免存在不足之处,恳请读者予以批评指正。

目　　录

第一章　绪论 ··· 1
　第一节　研究背景与研究意义 ······································· 3
　第二节　研究思路与研究方法 ······································· 11
　第三节　研究内容与创新点 ·· 14

第二章　文献回顾与述评 ·· 19
　第一节　关于社会组织治理有效性的研究 ····················· 21
　第二节　科技社团的兴起及其治理有效性研究 ·············· 32
　第三节　社会资本与社会组织治理有效性的研究 ··········· 39
　本章小结 ·· 47

第三章　科技社团治理有效性的概念化与指数化 ············ 49
　第一节　科技社团治理有效性的概念化 ························ 51
　第二节　科技社团治理有效性的指数化 ························ 61
　本章小结 ·· 75

第四章　社会资本对科技社团治理有效性影响的理论分析 ········ 77
　第一节　社会资本对科技社团治理有效性影响的制度背景 ······ 79
　第二节　社会资本对科技社团治理有效性影响的理论分析 ······ 83
　第三节　科技社团社会资本的内涵、分类与一般性衡量方法 ······ 92
　本章小结 ·· 96

第五章　结构型社会资本对科技社团治理有效性的影响 …… 99
第一节　理论分析与假设提出 …… 101
第二节　研究设计 …… 109
第三节　实证分析 …… 112
第四节　治理转型背景下的进一步分析 …… 118
第五节　稳健性检验与内生性讨论 …… 124
本章小结 …… 128

第六章　认知型社会资本对科技社团治理有效性的影响 …… 131
第一节　理论分析与假设提出 …… 133
第二节　研究设计 …… 141
第三节　实证分析 …… 144
第四节　大科学时代背景下的进一步分析 …… 150
第五节　稳健性检验与内生性讨论 …… 154
本章小结 …… 157

第七章　政策建议与展望 …… 159
第一节　政策建议 …… 161
第二节　研究局限与展望 …… 166

参考文献 …… 169

第一章

绪 论

第一节 研究背景与研究意义

一、逻辑起点

随着公司治理领域的不断发展,除继续针对传统营利组织在不同制度环境下各类治理行为、结构、机制等方面的有效探索外,积极地将成熟的公司治理思维、研究范式进行跨组织、跨学科、跨类别交叉探索,也已然成为公司治理或者整个治理领域研究的新着力点(常庆欣,2006;Gerry & Vasudha,2009;李维安、邱艾超等,2010;Wellens & Jegers,2014;李维安,2015;李维安、徐建等,2017)。如治理前沿性内容——绿色治理理念、准则与指数的相继提出(杨丽华、刘宏福,2014;李维安,2016;李维安,2017;廖小东、史军,2017),便是沿着公司治理的基本研究进路,秉承"多元化治理"的秩序观,建立政府顶层推动、企业利益驱动和社会组织参与联动的"三位一体"协同治理机制;又如,近些年,公司治理研究对社会资本(Massis et al.,2013;康丽群、刘汉民,2015)、科学共同体(Andreas,2012)、企业基金会(Porter & Kramer,2011;陈钢、李维安,2016)等社会行为持续性的高度关注;再如,英国最近修订的《慈善法》第二部分第一章第1D款明确指出"慈善委员会必须注意与学习已经被广泛接受的好的公司治理的原则"等,均是公司治理理论体系在公共事务与社会领域内进行交叉探索的具体体现。

追本溯源,"治理"一词源于公共事务领域,主要指控制、操纵与引导的形式或方式,具体应用于政府或国家在公共事务方面的法律执行与管理活动。自20世纪90年代后,西方政治学家和社会学家逐步对"治理"进行了更为清晰的界定,如代表人物Rosenau(1992)将治理视为一系列活动领域的管理机制,它们虽然未得到正式的授权,但却能够发挥有效作用,并且该管理活动并不需要依靠政府的强制力量来保证实现,而是建立在市场原则、公共利益和社会认同之上的合作，其权力向度是多元的、相互的（俞可平等，2002）。从这一角度来看，"治理"实质上意味着一系列来自政府，但又不局限于政府的行动者，为有效解决社会和经济的普遍问题，寻求权利与责任界限的过程（Gerry & Vasudha，2009）。因此，其研究范畴涵盖到各类组织之中，各类组织相互借鉴融合，本身也是治理理论不断创新与突破的内在要求。此外，随着治理理论研究的逐步深化，以及在复杂环境条件下细化研究主体各项特征，进而增强治理柔性或弹性的"分类治理"思想，无论是在公司治理（李维安，2014），还是政府治理（常宏建、吴彬，2009），抑或是社会组织治理（王向民，2014）等领域，均得到了广泛的重视与认可，已然成为治理理论进一步研究的发展方向。

总体来看，治理理论起源于公共事务领域，却兴起于公司治理。而在学科间相互融合的大背景催化下，公司治理的诸多研究成果、方法、范式等，又将以"反哺"的方式回归于公共事务领域，伴随着社会发展的实际情况，使得诸如社会组织治理逐步成为治理领域研究的新焦点。同时，借助纵向分类治理的分析思维，进一步细化各大类研究主体，以期在共性的基础上探究"原子式"治理单元的差异性，进而更为有针对性地对经营实践展开理论支撑与引导。这也是本书研究的逻辑起点，即借助公司治理所揭示的一般性治理理论规律与量化研究方法，在现有社会组织治理研究的基础上，细化研究主体，将重点聚焦于互益类社会组织的典型代表——科技社团，立足我国具体实情，细致分析科技社团治理有效性的内涵、本质以及社会资本对其治理有效性的影响等内容。

二、现实背景

（一）宏观层面

从党的十八大首次正式提出"加快形成政社分开、权责明确、依法自治的现代社会组织体制"的总体方针，到十八届三中全会关于"创新社会治理体制，激发社会组织活力，正确处理政府和社会关系，加快实施政社分开，推进社会组织明确责权、依法自治、发挥作用"治理思维的全面推进，再到

第一章 绪论

党的十九大关于"推动社会治理重心向基层下移,发挥社会组织作用"的相关论述,以及十九届五中全会进一步强调"发挥群团组织和社会组织在社会治理中的作用",激发社会组织活力,优化其治理质量,推进社会组织治理现代化,已成为我国社会治理转型阶段下重要的执政方针与价值取向。而改革开放40余年来,我国社会组织治理有效性成果如何,是否真正成为国家治理战略与社会治理体系中重要一环,更需要接受时代的检验。

总体来看,当前我国的社会组织发展迅速,在改善民生、提供更为多元的公共物品与服务、推动科技创新与传播等方面均起到了重要的作用,已成为我国社会治理的三大主体之一。然而,受法律制度、公民意识以及行政环境等诸多限制性因素影响,相较于政府与企业而言,我国社会组织整体的治理有效性水平表现较弱,难以真正实现各治理主体间的伦理关照的交往理性与彼此尊重的伦理关切(孔繁赋,2007),致使公众对社会组织重视程度与主动关注的频率较低。相反,近些年受到"郭美美事件"、河南宋庆龄基金会公益支出水平被质疑、李长宾"慈善快乐行"诈捐等负面事件的影响,社会组织声誉与公信力普遍受到社会公众质疑。社会资本存量薄弱,也反映出社会组织信息披露不透明,监督机制难以发挥效果等诸多治理有效性不足的问题。另外,受历史与具体国情的影响,我国的社会组织具有浓厚的官办色彩,无论在人事管理、资金的筹集,还是在组织运作等方面都有很强的行政化烙印(王名、贾西津,2002),普遍表现为典型的行政型治理特征(李维安,2015)。如中国生物物理学会名义上作为独立的科技社团,但其办公场所甚至是办公用品,均依靠其挂靠的组织——中国科学院生物物理研究所提供,正式的工作人员也均具有行政编制。虽然自2008年以来,我国开始密集出台《关于深化行政管理体制改革的意见》《关于改革社会组织管理制度促进社会组织健康有序发展的意见》《国务院办公厅关于政府向社会力量购买服务的指导意见》《政府购买服务管理办法(暂行)》等一系列关于政府简政放权、转变治理方式的文件,受政府对社会组织信任程度,社会组织运行的思维惯性、路径依赖等因素的影响,这些权力空间的让渡并非真正意义上的激发社会组织活力的有效措施,政府购买的过程中具有明显的选择性偏好,相关资源优先倾斜于"体制内的社会组织"(尹广文,2016)。但体制内的社会组织毕竟是少数，以 2013 年我国慈善基金会宏观数据为例，有服务性收入的基金会仅占总数的 3.12%[1]。社会组织治理质量提升、实现治理转型，也不能完全依赖于外部环境与制度供给，如何有效识别与利用组织内现有各类资本，规范制度安排，搭建起合理的治理结构与治理机制，激发内部成员参与治理的热情与积极性，协调各利益相关者的诉求，提升组织的社会影响力与公众信任程度等，也是包括我国社会组织在内的各治理主体所普遍关注的现实问题。

（二）微观层面

科技社团作为社会组织的重要组成部分，是科技发展和社会变革的产物，是人类文明的倡导体，也是社会治理体系的重要支撑。它不仅在联系与团结社会知识分子，实现其意愿的表达方面发挥着重要作用，而且在推动科技进步、知识传播与普及、政策建议、国家创新等方面也发挥着重要作用（王春法，2012；危怀安等，2012；Delicado，2014）。如 2020 年，我国各级科协和两级学会共举办学术会议 16442 次，参加人数达到 16758.9 万人次，交流相关学术论文 68.2 万篇；组织开展了各类科普宣讲活动 26.7 万场次，科普受众人数累计达到 24.9 亿人次；组织参与立法咨询 476 次等[2]。

然而，从组织可持续发展的角度审视，我国科技社团在治理方面仍旧面临诸多挑战与问题。一部分社团治理目标模糊，"内部人控制"现象明显，甚至突破非营利属性的底线，披着"官方指定"与业内权威的外衣，向社会公开兜售"荣誉""信任"等社会资本，成为向社会大肆敛财的工具。如中国城市科学研究会 2013 年在受住房城乡建设部委托进行"绿色建筑标识"评价的过程中，违规操作，给予不合格的参评企业相关认证，收取相关单位评审费达 1418.55 万元；中华医院管理学会，甚至对相关奖项采用明码标价的形式，交纳一定金额，便能评选上"十佳百姓满意放心奖"；中国中药协会将"履行社会责任明星企业"颁发给鸿茅药酒，遭到社会舆论广泛质疑等。

此外，同世界知名科技社团比较来看，虽然我国一级科技社团的学科覆盖面、绝对数与社会影响力均取得长足进步，但治理有效性水平普遍不高，

---

[1] 数据来源：通过对 2013 年基金会中心网公布的数据整理所得。
[2] 数据来源：中国科学技术协会官方网站，https://www.cast.org.cn/art/2021/4/30/art_97_154637.html。

仍旧亟须进行治理改革。特别是受组织属性与历史因素影响，我国科技社团仍旧普遍"挂靠"在相关行政单位，虽然政府相继出台《中共中央关于加强和改进党的群团工作的意见》《科协系统深化改革实施方案》《行业协会商会与行政机关脱钩总体方案》等一系列政策性改革文件，释放自主性空间，但我国科技社团因治理能力不足引起的运营效率较低、科技社团不愿"脱钩"甚至主动攀附行政力量，仍旧是难以回避的现实问题。如当前在中国环境科学学会、中国流行色协会等内部治理结构中，往往会出现从事行政工作的秘书长直接领导学会会员的现象。此外，世界知名科技社团通常会积极利用组织内专业的科技资源、学术精英、社会信任、网络联系、共同的价值观等各类资本，拓宽融资渠道，激发组织治理活力。如2016年英国皇家化学学会依靠信息咨询服务或构建商用数据库等活动的收入，占其总收入的82.27%、德国标准化学会类似收入也占总收入的70.04%等。有些学会甚至拥有全资或参股子公司，如英国皇家建筑师学会下属的 RIBA 服务有限公司、德国工程师协会下属的 Wissensforum 培训股份有限公司等。但在此方面上，我国科技社团则明显落后，绝大部分仍旧依靠挂靠单位提供财务、办公场所支撑，收入来源狭窄且单一，严重牵绊着治理效率的提升与治理转型的积极性，也与国家对科技社团在支撑科技与产业改革、催化知识创新等方面的要求不相适应。

总体来看，提升社会组织治理有效性、推动社会组织实现治理转型已然成为国家治理战略与社会治理体系中的重要一环。在该治理方针与思路的指引下，我国政府积极转变治理方式和模式，通过简政放权、出台一揽子行政法规等举措，来激发社会组织活力，提升组织的治理质量。但从当期的施政效果来看，我国社会组织仍旧面临治理有效性不足、行政化烙印明显等主要问题。具化到科技社团，则反映在了治理目标模糊、社会影响力与知名度不足、会员参与感和归属感不强、科技服务效率较低等方面。通常，人们习惯于将其归咎于相关行政部门的漠视性政策导致科技社团生存条件恶化（王春法，2012；胡祥明，2014；黄晓春，2015；陈成文、黄开腾，2018）。但事实上，自2008年以来，我国出台或修订关于社会组织的法律法规共计144部，涉及各类社会组织、慈善事业、业务主管单位与负责人、行政执法等诸多方面[1]，形成了较为完整的法律法规体系。既然外部的制度环境得到明显改善与规范，为何包含科技社团在内的社会组织治理质量仍旧难以得到实质性优化？当前，我国一级科技社团虽然基本上均设立了现代治理结构，建立了相关治理机制，但为何在科技服务与传播等治理目标的实现过程中，仍旧效率不高？"社会公信力与影响力不足"（石国亮，2014）、"会员归属感不强"（王春法，2012）等问题"久治不愈"，存在"治理形似而神不似"的问题？除了采用路径依赖、政策实施周期等因素来解释外，是否还有其他被我们忽略的重要解释变量？事实上，几乎在每个社会组织治理的问题事件中，都能看到"公众信任""政府关系""社会声誉"等社会资本的字眼，而这是否能够为我们重新审视提升社会组织治理有效性的研究提供新思路？对此，我们是否需要重新梳理研究的重点，通过对科技社团有效治理进行概念化与指数化等，来挖掘社会资本对社会组织治理有效性作用机理与影响的逻辑链条？

三、研究意义

基于以上现实背景，本书从公司治理的研究范式和分类治理的逻辑思维展开，以科技社团作为研究对象，立足该互益类组织在我国的治理现状、治理特征，突破以往关于科技社团治理有效性的研究多归结于外部制度环境、"政社关系"的研究窠臼之中，而是将其作为研究情景，从社会资本视角切入，探索提升科技社团治理有效性的方法与途径，这对于包含科技社团在内的社会组织治理理论研究与实践均有重要的价值与意义。

（一）理论意义

其一，本书秉承公司治理的研究范式，将其较为成熟的理论体系与丰硕的理论成果灵活地应用于社会组织治理中，并始终强调也积极尝试多学科、跨领域的交叉研究。通过对社会组织治理理论、社会资本理论、科学社会学

---

[1] 数据来源：民政部全国社会组织公共服务平台——法律法规数据库，手工整理所得，并剔除掉宪法、民法等综合类法律以及民政部对于相关法规单一条款的行政复函与解释。

理论等理论的有机结合,不仅能为深入研究科技社团治理提供新的思路,也能为我们重新审视公司治理理论体系提供新途径,更能拓展这些理论研究的应用范围,为其注入新的活力。

其二,借助分类治理思维,从重要性、典型性、示范性、迫切性、可行性等角度出发,选取社会组织领域内较少涉猎的科技社团作为研究主体。从社会资本角度切入,探索提升科技社团治理绩效的水平,并对相关概念、作用机理进行详细分析,在弥补该领域理论现有研究匮乏、丰富科技社团治理与社会资本理论体系的同时,也通过聚焦研究主体,细化研究内容,使得研究成果更具针对性,强化理论指导价值与意义。

其三,本书倡导综合利用多种研究方法,对研究问题进行剖析。诸如,在科技社团治理有效性概念化的基础上,进行指数化分析,构造了较为综合的指标体系,并通过调查问卷、大数据样本的实证研究,对社会资本如何影响科技社团治理有效性的相关假设进行验证。这在较大程度上弥补了以往关于社会组织研究侧重规范性分析的不足,同时也为后续相关研究提供了数据支撑,所提及的理论框架、研究议题与研究思路,也能够为后续研究提供启发与新的理论对话点。

(二)现实意义

首先,本书认为科技社团治理的本质特征是依靠社会资本维系的柔性治理,即社会资本是影响科技社团治理有效性提升的重要因素。因而科技社团可以通过提升网络开放性与质量,强化会员与组织间的认知互动,多渠道发展组织会员,积极培育专职秘书长等方式,来增强会员与组织之间的信任关系,降低冗余性知识与重复性关系,提升彼此的沟通效率,实现"互惠双赢",以此来提升组织的治理有效性。实质上这是为科技社团规范内部治理制度,搭建合理的治理结构与机制,明确组织治理改革的突破口,提供了具体的优化路径。相关结论与启示也有利于科技社团积极拓展自身的社会影响力与吸引力、强化会员的归属感与认同感,进一步激活科技社团在本领域内学科发展的作用,推动政府治理改革。在有效规避社会治理过程中所遇风险的同时,也能够提升组织对资源的利用效率与成果转化能力,使科技社团成为企业发展与政府职能转移的重要支撑者。

其次，本书发现较弱的行政干预，能够使得科技社团的结构型社会资本与认知型社会资本的作用得到进一步发挥。但在由高度行政力量搭建的体制结构内，社会资本的影响作用也会发生变质。即科技社团因政治关联与挂靠关系，与政府形成一种"政绩共享"的强互惠关系，从而会导致科技社团承接政府职能转移过程中的不公平竞争，形成一种"虚假转移"现象。较弱的行政干预虽然在短期内容易形成立竿见影的"假象"，但从长期来看该行为容易削弱组织的专业化能力，反而不利于社团改革的大环境，钳制学会"脱钩"的积极性。这些研究结论不仅进一步证实了在科技社团领域内深化治理转型实践的重要性，同时也指明了当前治理改革中存在的现实问题，能够为防范"行政型治理回潮"，规范政府职能转移行为，优化相关业务主管单位决策，明确治理改革的突破口，有的放矢地制定改革措施与政策，提供重要参考。

当前，激发社会组织活力，优化其治理质量，推进社会组织治理现代化，已成为我国社会治理转型阶段下重要的执政方针与价值取向。而科技社团作为互益类社会组织的典型代表，是我国社会组织治理改革的"排头兵"，这使得本书相关研究结论不仅对科技社团本身提升治理有效性起着积极的引导作用，同时也对我国社会组织整体具有一定的借鉴意义。此外，社会资本治理作用不仅体现在社会组织之中，对于企业与政府同样具有重要影响，深化社会资本对社会组织治理有效性的影响研究，也能通过治理主体间的相互借鉴与学习，不断深化自身发展，助推社会治理的三大主体，实现应有的伦理关照的交往理性与彼此尊重的伦理关切。

第二节 研究思路与研究方法

一、研究思路

依循着分类治理与交叉融合研究的逻辑，结合科技社团所面临的现实问题与具体环境背景，本书尝试从以下研究进路开展研究：

首先，对于包含科技社团在内的社会组织，在我国所面临的治理有效性不足这一关键性问题上展开文献述评与理论回顾。主要从"社会组织治理有效性研究""科技社团的兴起及其治理有效性研究""社会资本与社会组织治理研究"三个方面进行梳理。在这一过程中发现关于社会组织或科技社团治理有效性的研究颇为匮乏，并呈"碎片化"（Delicado et al.，2014），且国内研究侧重同外部利益相关者之间的关系，特别是同政府方面的研究，但研究方法与范式较为单一，多集中于现象描述、对策建议等规范性分析，缺乏数据、案例等具体论证。此外，关于社会资本的典型文献，多聚焦于从整个社会等宏观性视角或微观个体视角的分析，忽视中观层面上的组织，特别是社会组织、社会资本的研究。

其次，针对现实问题与理论研究上的不足，本书首先对科技社团治理有效性进行了概念化与指数化，在厘清科技社团治理有效性内涵，指明社会资本是影响科技社团治理有效性的重要因素的同时，将定性研究上升到定量分析。在为下文实证研究提供数据支撑的过程中，也指出当前我国科技社团治理有效性水平存在的问题，亟须进一步提升。基于此，本书从社会资本角度出发，利用社会资本理论与资源依赖理论，结合具体制度环境，详细论证社会资本对科技社团治理有效性产生影响的机理。同时，结合科技社团社会资本的内涵与特征，将社会资本划分为结构型与认知型两类，细致探讨这两类社会资本对科技社团治理有效性的影响，并以中国科协下属的全国一级科技社团作为研究样本进行检验。在此基础上,将科技社团分别置于治理转型与大科学时代背景下,考察不同挂靠单位、专业化程度、自媒体运营等因素在社会资本对科技社团治理有效性影响过程中发挥的作用。

最后,依照现实问题与本书的相关研究发现,从政府与学会两个角度为我国科技社团治理有效性的提升提出了相关的政策建议。行文最后也指出了本书的研究局限性与对未来相关研究的展望。

结合本书所聚焦的研究问题和研究思路,本书研究框架结构图如图1.1所示。

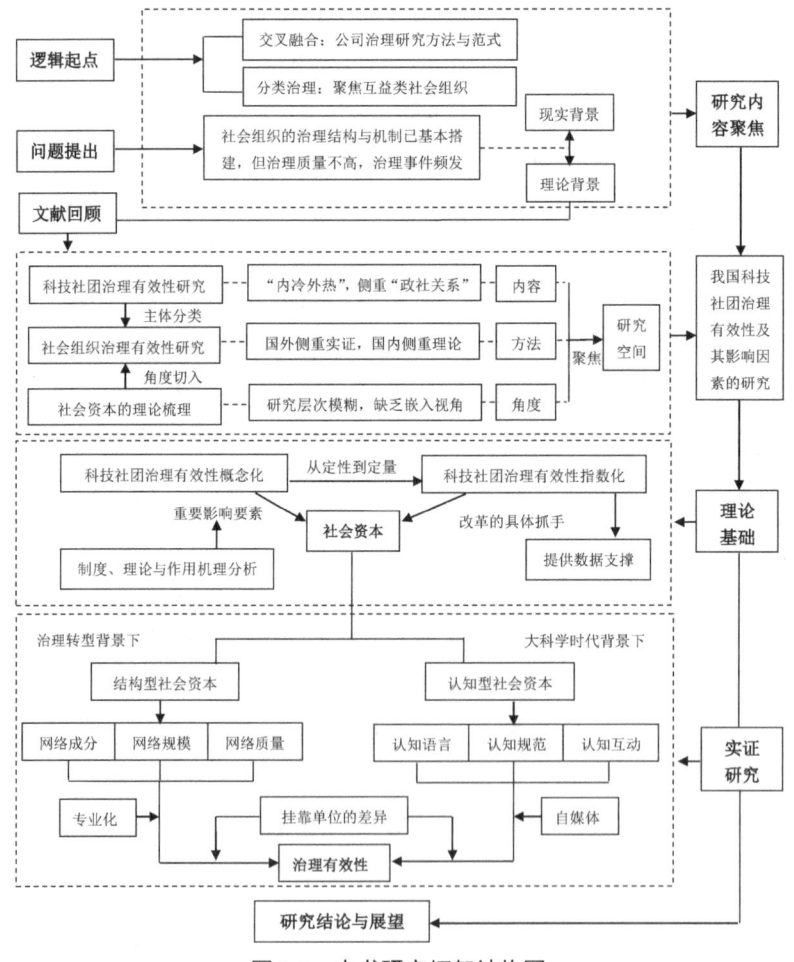

图1.1 本书研究框架结构图

二、研究方法

第一，文献分析法。本书通过在中国知网、Wiley、Elsevier 等数据库进行搜集、整理、分析与演绎国内外关于社会组织、科技社团治理有效性与治理转型、社会资本等主题的典型文献，在了解该领域研究现状，为本书提供相应的理论基础的同时，也为后续研究提供了可能的研究视角，并指出了本书潜在的研究空间。

第二，规范分析法。在针对科技社团有效治理内涵的界定、探究治理有效性的本质时，将借助规范分析的方法，通过理论推演，揭示组织社会资本对我国科技社团治理有效性的重要作用。同时利用社会资本理论、资源依赖理论、自组织理论等，构建理论分析框架，明确社会资本对科技社团治理有效性的影响机理，为后续展开实证研究提供相应的理论支撑。

第三，问卷分析法。本书面向基层科技工作者发放 400 份调查问卷，通过改进后的 KANO 模型，对科技社团治理目标所包含的具体内容进行检验，从结果有效的角度出发，明确本书所指的治理有效性所包含的具体衡量指标。此外，借助该问卷本书也对科技社团治理有效性、社团社会影响力与会员整体满意度进行相关性分析，探究提升科技社团治理有效性能够为其带来的价值反馈。

第四，实证分析法。为探究结构型社会资本与认知型社会资本对科技社团治理有效性的影响，本书将采用实证分析的方法，并通过《中国科学技术协会：学会、协会、研究会统计年鉴》、《中国科学技术学会统计年鉴》、中国科学技术协会与相关学会的官方网站等途径，手工挖掘研究样本的所需数据。采用的计量方法主要有描述性统计分析、样本配对与均值检验、最小二乘法回归等。而在关于科技社团治理有效性、结构型社会资本、认知型社会资本的衡量过程中，将以《社会组织评估管理办法》为参照蓝本，综合南开大学公司治理研究中心公司治理评价课题组进行测评的方法，利用层次分析法、主客观相结合的专家打分法等，以期准确、科学地量化相关研究变量。

第三节 研究内容与创新点

一、研究内容与结构安排

基于以上研究思路与研究方法,全书共分为七章,具体结构如下:

第一章,绪论。主要是从宏观角度对研究内容进行总体概述。首先,通过对治理理论发展脉络的回顾,将研究的逻辑起点定位于将公司治理的研究范式以及分类治理思维应用于科技社团治理有效性的研究中。同时,通过对相关现实背景的分析,导出本书所聚焦的问题,进而指明相关的研究内容、结构安排、方法、研究意义以及创新点等。

第二章,文献回顾与述评。基于第一章所提到的研究问题和思路,本章从社会组织治理有效性研究展开,分析社会组织治理有效性的特征,从内外部利益相关者角度、治理转型角度对该部分内容进行立体性论证。在此基础上,利用分类治理思维,对社会组织特定类型——科技社团的治理有效性展开针对性分析。一方面,对科技社团的兴起及相关科学共同体治理有效性的理论研究成果等进行分析;另一方面,结合科技社团的组织属性及其在治理有效性提升所展现的特征进行分析。本书也将社会资本纳入文献梳理的范围,以期挖掘可能的研究空间。相关思路图如图 1.2 所示。

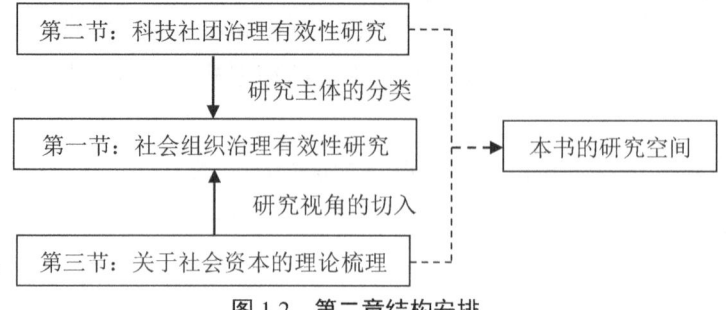

图 1.2　第二章结构安排

第三章，对科技社团治理有效性进行概念化与指数化。在概念化的过程中，主要依照"治理结构—治理机制—治理目标"的研究范式展开，从科技社团治理的特殊性角度切入，指出社会资本是影响科技社团治理有效性提升的重要因素。为对该结论作进一步探究，本章对科技社团治理有效性进行了量化，为下文提供数据支撑的同时，也指出当前我国社团治理有效性水平整体不高，需要从社会资本角度寻找提升其治理质量的突破口。

第四章，延循上一章节的主要结论，通过制度背景、理论分析、机制描述等，对社会资本影响科技社团治理有效性展开深入论证，为下一章节的实证检验提供理论基础。此外，结合科技社团治理特征，本章也明确科技社团社会资本概念、属性、研究层次以及数据测量等内容，并拟从结构型社会资本与认知型社会资本两个维度，对其影响科技社团治理有效性展开分析。

第五章，针对结构型社会资本对科技社团治理有效性的影响展开深入研究。首先针对结构型社会资本对治理有效性的综合性影响进行相关理论分析，并依照结构型社会资本的内涵、层次、现有研究成果等，将其划分为网络规模、网络成分、网络质量三个维度，分别考察这些细分变量对科技社团治理有效性的各要素的影响。另外，由于我国科技社团正处于社会组织行政型治理转型的背景下，本书首先将依照科技社团挂靠单位的组织类型不同，利用行政力量干预强弱作为指标，也将其作进一步分类，研究各类别科技社团的结构型社会资本对治理有效性的作用发挥程度；其次也考虑了社团专业化水平在结构型社会资本对治理有效性影响过程中的调节性作用，以期深化研究内容，发现深层次问题。

第六章，关注于认知型社会资本对科技社团治理有效性的影响分析。首先，从总体层面上对该影响机制进行理论阐述。结合认知型社会资本的具体内涵、所涉及的层次性、典型的研究成果等内容，对认知型社会资本进一步细分，从认知语言、认知规范以及认知互动三个维度进行衡量，分别考察这些变量对科技社团治理科技传播与科技服务的影响。其次，将科技社团置于大科学时代下，将自媒体运行、认知型社会资本以及治理有效性之间的相互关系纳入研究范围，以便对认知型社会资本的作用机理有更为清晰的了解。此外，现有研究从理论角度阐述了结构型社会资本与认知型社会资本之间存在着交互作用关系,本章内容也对此进行实证检验,以期从相对综合的角度来分析社会资本对科技社团治理有效性的影响。

第七章,政策建议与展望。本章是收尾性章节,基于现实背景、理论不足、治理有效性评价过程中所暴露出的问题、实证过程中发现的各项关联关系等,本书会依照我国具体国情,从不同政府、学会等角度提出相应的对策建议。最后指出本书在研究过程中的局限性,并对未来相关研究提出进一步的展望。

二、创新点

第一,本书从社会资本这一新的视角切入,突破以往关于科技社团治理有效性研究多归结于外部制度环境、"政社关系"的研究窠臼,而是将其作为研究情景,借助社会资本理论并融合公司治理所揭示的一般治理规律,搭建起新的分析框架,发现结构型社会资本通过网络规模、网络成分与网络质量,能够显著影响科技社团治理有效性的提升;而优质的认知型社会资本能够促进科技社团高效实现专业知识的传播与服务,达到结果有效的目的,并具体反映在认知语言、认知规范与认知互动三个方面;此外,社会资本对科技社团治理有效性的影响也受到制度环境的影响,较弱的行政干预能够使得科技社团结构型社会资本的作用得到进一步发挥。与此同时,我国科技社团在承接政府职能转移过程中也存在"虚假转移"现象。这些新的研究结论,不仅在很大程度上深化与丰富了科技社团治理的研究成果,拓展了社会资本理论的研究框架与半径,也为我国科技社团治理改革提供了新的抓手与思路。

第二,在科技社团治理有效性研究中,率先导入评价量表的开发,并在此基础上进行实证分析。当前,关于我国科技社团治理有效性的研究多集中于定性或规范分析,因普遍缺乏数据检验,使得相关研究饱受实践指导性不强、理论深度不足的诟病。本书以科技社团有效治理的概念化为基础,结合国内外经典文献,在测量过程中强调治理结果的有效性,主要从科技传播与科技服务两大维度,八项具体分指标,率先开发出关于测度科技社团治理有效性相对综合的评价量表，并通过调查问卷的方式，结合KANO模型对其适用性与可靠性进行了检验。此外，通过手工挖掘研究样本所需数据的方式，克服了科技社团数据难以搜集的现状，在量化诊断我国科技社团治理有效性整体水平不高的同时，也在相关实证研究过程中，通过综合指标进行分析，为社会组织治理评价、深入探索社会组织治理研究等方面作出了新的尝试。

第二章

文献回顾与述评

第一节 关于社会组织治理有效性的研究

从现有的理论成果来看,社会组织治理有效性是一个复杂的研究系统,牵扯到社会组织自身以及各个核心利益相关者等诸多方面(Wellens & Jegers, 2014)。因此,下文的文献梳理,将从社会组织治理有效性的特征角度出发,强调该领域研究的复杂性与必要性,之后结合国内外经典文献,从内部利益相关者、外部利益相关者、治理转型三个角度展开分析。

一、社会组织治理有效性的特征

李维安(2016)指出,从借鉴公司治理改革的经验来看,社会组织治理改革也是要经历从建立治理结构、完善治理机制到实现治理有效性等阶段。伴随着1978年民政部的正式成立,我国社会组织也步入了新的发展轨道中,特别是相关法律法规的正式出台和治理规则的制定,绝大多数社会组织在当前均建立起了相应的治理结构,配套了对应的治理机制。但不得不说仍旧存在着"形似而神不似"的尴尬,各项治理事件频发,如何像公司治理那样深化治理改革,明确其中的着力点,形成"治理有所依、治理有所约、治理有所得"的良好局面,其关键便在于提升组织的治理有效性(李维安,2013)。

治理改革或治理本身并不是目的,其最终落脚点是提升治理有效性,进而实现善治,推动公共利益的最大化(俞可平,2008;刘洪彬,2014)。这首先需要我们树立"过程"思维,致力于长期建设,通过多元化治理理念,合理构建治理机制来分享治理权(李维安,2013;李维安,2016),从这一角度来看,治理有效性具有过程性特征(冀鹏、马华,2017);其次,治理有效性也具有动态性,可从不同的角度展开定义,虽难以一言以蔽之,但可进行定性描述。如价值取向者认为,治理有效性是一种价值判断,治理主体需在一定资源条件约束的前提下，实现高质量决策所具有的价值，这使得治理有效性的重要表征是基于理性、利益相关者间良好的合作关系以及专长等（朱家德，2014）；而目标取向者则认为，治理主体能够满足或超越利益相关者期望的治理，或实现预设的治理目标，便是有效治理（杨雪冬，2004；时影、罗亮，2016）。当然，治理有效性还天然地同合法性相联系（蔡禾，2012），认为组织治理的有效性能够将权威体系与民主体系实现统一，进而积累合法性，实现组织的可持续发展（林尚立，2009）。

另外，社会组织治理有效性除具有上述所提及的过程性、动态性、目标性与合法性天然联系等一般性特征外，由于其特殊的组织属性，社会组织治理有效性还具有复杂性特征。首先，从委托代理理论出发，社会组织的所有权、控制权、经营权与收益权是"四权分离"的（李维安，2013），这会进一步扩大信息的不对称性。其次，由于社会组织运营效果缺乏明确的衡量标准，财务数据基本线颇为模糊（薛美琴、马超峰，2017），使得社会组织的治理有效性难以从传统的运营或财务角度有效且及时地识别与衡量。再次，从经济人假设出发，社会组织的理事或高级管理者也有追求自身利益最大化的动机，组织的公益性特征并不会阻碍这一行为（Rochester，1995）。为吸引更多的公共资源与志愿者的加入，甚至出于个人私欲、职业生涯发展等因素的考虑，社会组织内部管理者也十分容易产生道德风险或类似"内部人控制"的诸多治理问题。加之，社会组织的形成与发展本身便是基于社会公众的信任与支持（Van et al.，2012），接受社会或成员委托，运用一定的管理方法运作和分配公益资产，这使得社会组织的资产并非向公司治理那样局限于组织内，而是面向更广泛与不确定的群体（王名、贾西津，2004）。一旦治理失效，其造成的影响将不仅仅是该单一组织，而是对社会组织的整体怀疑（Prakash & Gugerty，2010）。这使得社会组织治理失效变得异常敏感，也从反面印证其治理有效性的重要性。基于此，下文对国内外典型文献进行梳理，并从内外部治理、治理转型等角度对当前集中研究的领域进行整理。

二、内部治理角度

（一）理事会

理事会作为社会组织内部治理的核心，承担着保护公益资产的信托责任，筹资、监督和战略决策是其重要职能（Gibelman et al.，1997；Chien et al.，2009），其运行效率与绩效表现将对组织治理有效性产生重要影响。

从高阶理论（Upper Echelons Theory）角度来看，高层对组织的实际认知与价值观，会通过相关决策科学性与组织的战略选择，来影响治理质量与组织发展的整体方向（Hambrick & Mason，1984）。这便需要理事会能够对组织本身的治理目标、社会使命、服务项目等有着清晰的认知（Preston & Brown，2004；Klaas et al.，2015）。当然，理事的勤勉程度、所拥有的必要的行政管理技能、能够在必要时为组织提供资源支持、推动跨组织间的合作等技能与社会资本，也均被视为提升理事会治理有效性的必要条件（Balduck et al.，2010；Jennifer，2018）。而 Preston 与 Brown（2004）通过对美国服务型社会组织的 28 位秘书长与 267 名理事在认知方面展开的进一步研究中也发现，理事之间的关系网络、理事长同理事之间关于战略性贡献的评价也会成为影响该社会组织表现的因素，这一点也得到了 Brown（2005）的证实。此外，Mitchell（2013）调查了 152 位设立在美国的社会组织理事长或秘书长，直接考察其对组织治理有效性的认知情况，发现超过 80% 的高层倾向于"结果有效"，即能够实现可衡量的目标，以及完成对核心利益相关者的承诺。这些不同的思维导向将直接影响理事或高管对组织治理有效性的判断方式，进而传递到组织的财务状况、治理实践等方面的决策与行为（Herman & Renz，2004）。

除理事会对组织价值的认知外，理事会内部特征与异质性也是当前关于治理有效性研究的主要方面。其一，作为社会组织资源获取的重要途径，理事会的结构特征不同，筹资、运营方法、政策制定也相异（Hillman & Dalziel，2003；Siebart，2005），但普遍认为吸纳有特殊或具有社会影响的人加入理事会（Siciliano，1996），提升理事会中女性比例（张明研等，2016），更有助于社会组织获取物质、社会资本，激发组织活力，特别是在资源日趋紧张、慈善市场竞争日趋激烈的环境下，理事会对社会组织吸纳专业性或关键性成员具有重要意义（Chien et al.，2009；罗文恩、周延风，2010；Frumkin & Keating，2011；Klaas et al.，2015）。这也进一步引发了欧美学者对于该部分理事是否给予补偿报酬的讨论。Alonso 与 Palenzuela（2009）认为，理事会非执行人数的增加会降低治理有效性，而给予理事成员适当报酬反而会提升其运行效率与决策质量。他们随后又针对西班牙 119 家慈善基金会展开调查，指出获取薪酬的理事往往会比无偿理事、志愿者投入更多的时间和精力（Alonso & Palenzuela，2010）。但也有不少学者对此提出质疑，强调没有一般性的证据表明，薪酬能够促进理事作用发挥以及有助于吸引社会组织吸收有特别技能的理事（Ostrower，2007；Callen et al.，2010）。甚至 Regan 与 Oster（2005）直接指出绝大多数理事成员加入社会组织是以扩大个人的社会资本为目标，并将任务完成或项目改进作为服务的主要原因，若支付薪酬则会对这些利他行为或承诺产生挤出效应，反而不利于治理有效性的提升。这一结论也回归到了 Fama 和 Jensen（1983）提出的组织理事独立的价值性，只有以这种方式才能维持委托人与受托人之间的利益平衡。而通过强化各行为主体参与治理机制设置的独立性，积极培育其契约精神与职业道德水平、树立多元化的治理思维等，也正是组织治理有效性提升的基础（李维安，2016）。这些结论与观点，也在提示我们在研究理事会对社会组织治理有效性的影响时，需对其特质及具体语境框架展开详细研究，不可一概而论（Linck et al.，2008；Wellens & Jegers，2014）。

（二）管理层

管理层作为社会组织日常运作的核心治理主体，其对理事会决策的执行效率、秘书长自身的能力、素质与利他主义等行为，也将对该社会组织治理有效性产生重要影响（Lavy，2010）。从传统的治理理论角度来看，以秘书长为核心的管理层作为受托方，同委托方理事会之间的信任、合作关系往往成为该领域研究的重点（James et al.，2010；Rajesh et al.，2012；Wellens & Jegers，2014），特别是国外相关文献，社会组织的秘书长等高级管理人员，同公司治理相类似，基本形成了较为成熟的"职业经理人"市场。

通常，社会组织的管理者同理事会对治理有效性的认知是不同的，管理者更为注重的是"组织责任的增加"与"内部成员友好政策"的使用（Lee

& Wilkins，2011）。例如 Bois 等（2009）通过对 639 家学校进行分析后，得出校长往往以内部成员以及学生满意度为治理有效的衡量标准，而理事会看重的是组织的意识形态价值与战略本身的实现。这便使得如何有效激励与监督管理层，协调其同理事会之间的关系与治理目标变得重要（Lee & Wilkins，2011；LeRoux & Feeney，2013；Wellens & Jegers，2014）。在激励机制方面，大部分学者认为，即使是社会组织，也应该适当增加秘书长的薪酬待遇，以激发其工作的积极性，进而能够提升组织治理有效性（Lavy，2010；Brickley et al.，2010）。当然，社会组织在实施基于激励机制的前提下，需要首先明确管理层的组织目标，协调其与理事会的治理目标函数，并制定相对有挑战性的任务，只有这样才能最大程度地发挥管理层对治理有效性的良性作用（Connell，2005）。但也有学者指出，虽然提高社会组织管理层的薪酬水平，可视为一种提升组织绩效的手段，但也会导致利他主义被排挤，降低其内在动机从而错误地吸引或引导管理层（Jegers & Lapsley，2003；Jobome，2006）。这种情况在监督机制上往往也会存在，即若理事会对管理层控制太多，则会对其利他行为和内在激励产生明显的挤出效应（Jobome，2006）。甚至也有学者直接以监事会为研究主体，指出若在组织内过度重视监事的作用，提高监事的待遇，其对管理层的监督效果以及高薪酬的限制等方面反而起到抑制作用（Cardinaels，2009）。

三、外部治理角度

虽然国内外具体制度环境以及社会组织成熟度各有差异，但从外部治理角度来研究社会组织治理有效性的影响，却都不约而同地聚焦于政府这一研究主体上。

以美国为代表的欧美法系地区，政府对社会组织实行"过程控制"，所扮演的角色更像是"机动车检验员"（戴长征、黄金铮，2015），即政府给予社会组织较大的自由度与自主权，并不插手组织战略方向的选择，这得益于美国等地区高度发达的社会组织法律体系以及完善的信息披露系统，也使得欧美地区的社会组织对政府的依赖性并不强。社会组织也因此普遍采用市场化运作的方式，借助商业活动中高效的治理方法与多元的融资手段来提高自身的财务稳定性、公益效率与治理有效性，加强自身的"造血"功能，在最大程度上保持其"独立的公民人格"（Bahmani et al.，2012；Felicio & Goncalves，2013；苏程程，2015）。这也是西方政府积极引导社会组织发展的主要方向（Eikenberry & Kluver，2004），利用市场化推动社会组织专业化，利用专业化反哺市场化有效运行。例如，Suarez（2011）采访了 200 名美国社会组织的管理者，结果显示政府通常会倾向于资助专业化以及利用市场化方式同其他组织建立合作关系的社会组织，因为联合性力量被视为解决复杂社会问题、提升治理有效性必不可少的条件。社会企业在国外的大量涌现，便是该方向发展的典型现象。这种依靠社会企业家精神以及全新的社会定位，能够平衡组织的营利性与社会性，在同政府保持良性互动关系的前提下最大程度上激发原有社会组织治理的有效性，实现自身可持续的发展并解决相关的社会问题，甚至被视为社会组织治理发展的必然趋势（Maier & Meyer，2014）。当然，也有部分学者对政府所引导的社会组织市场化运行的政策持怀疑态度，认为社会组织市场化运作会增加组织经营负担和复杂程度，特别是对小规模组织而言，它会分散组织目标与使命的完成（Weisbord，1986），也会产生挤出效应，抑制志愿者服务社会组织的热情（Nowland，1998），影响该组织为需求者提供社会公益服务的质量（Wellens & Jegers，2014）。另外，社会组织能否适应当地的制度环境，积极遵守相关法律法规，如《萨班斯·奥克斯利法》（Ostrower，2007），以及地区政府能否切实履行监督责任，均会对社会组织治理有效性产生重要作用。

与国外政府通过引导社会组织市场化运作所不同的是，我国社会组织同政府之间具有明显的依附性特征（王名、贾西津，2004）。虽然社会组织同政府之间的关系同样会对其治理有效性产生影响（徐家良、张玲，2005；张戟晖、张玉婷，2015），但更多的是从合法性角度出发。如王才章（2016）通过对外地务工人员社会组织的个案研究，指出在政社合作过程中社会组织需要以治理有效性获得合法性，政府则以给予合法性来推动社会组织发挥治理有效性，两者之间可以互相转化与搭配。但合法性与有效性的搭配，在不同时期的"配比"又是不同的，两者间的关系具有多样性特征，且大致呈现倒

"U"形关系，其均可作为社会组织发展的基础元素，总体来说发展的重点是有轻重缓急的（薛美琴、马超峰，2017）。需要强调的是，一旦社会组织的有效性丧失，则会对其行政合法性造成直接威胁（李普塞特，1997）。

除政府角度外，国外在从外部治理角度研究社会组织治理有效性的过程中还涉及了私人捐赠者、受益者等。通常认为，完善社会组织内部的监督与财务控制系统、信息披露机制等，可以提升捐赠者同社会组织之间的信任程度，吸引更多的财务支持（Kitching，2009；Petrovits et al.，2011；Waters，2011）。而受益者能够融入社会组织的相关项目中，提供决策建议与服务支持，以帮助组织了解受益者的实际需求，增加双方的互动与交流，往往会提升该组织在项目上的治理有效性（Hardina，2011）。

四、治理转型角度

在提升社会组织治理有效性的问题中，诸多专家同样将视角放在治理模式的转变上，特别是我国学者多聚焦于社会组织通过行政型治理转型，来释放组织活力、规范组织行为，以提升治理有效性。

由于特殊的历史背景以及制度环境，我国大部分社会组织治理模式展现出典型的行政型特征。具体表现为：社会组织在成立之时，或由政府部门转变而来，或由政府部门直接创办（罗文恩、周延风，2010），"一个部门，两块牌子"这一外形化现象普遍存在，使得我国社会组织对政府具有较强的依赖性（赵海林，2012）。即我国的社会组织与政府之间往往表现出典型的"非平衡依赖关系"，当前的资源依赖仍然停留在社会组织向政府寻求支持以获得更大生存空间的阶段，而很少有基于公共服务的互动过程（汪锦军，2008；徐宇珊，2008）。例如对于正处在萌芽期的科技社团而言，受市场驱动、挂靠单位惯性扶持以及政府职能让渡空间狭窄等因素的影响（胡杨成、蔡宁，2008），往往更容易对政府的政策资源、资金资源、人才资源、合法性资源以及公信力资源等采取依附、服务以及合谋行为（朱喆，2016），以直接镶嵌于国家机构内部（张华，2015）、间接或合作型的方式获取（谈毅、慕继丰，2008）。而采取"依附行为"和"合谋行为"的科技社团在资源获取过程中，随着外部环境的不断变化，其资源依赖行为所带来的负面影响将大于其行为所获得的收益，将会把科技社团带入"资源依赖陷阱"，从而阻碍组织治理有效性的提升。

这一行政型治理模式在前期有助于慈善理念普及，较为快速地完成社会组织的"实体化"，但是在社会组织后期日益壮大的过程中，这一发展模式也限制了其治理活动空间的有效性（张婷婷、王志章，2014），使其难以产生有企业家精神的优秀领导人，成为社会组织向成熟期转型的障碍（罗文恩、周延风，2010）。这也在很大程度上造成了我国社会组织先天产生缺乏自发性、后天发展缺乏独立性的问题，需要在社会组织的治理模式上从原有的行政型治理向社会型治理转型（李维安，2015；鲁云鹏、李维安，2019）。

首先，在这一治理转型的过程中，摆在政府与相关立法机构面前的迫切任务便是完善社会组织领域的法律法规与制度供给（王名、贾西津，2002；文国峰，2006；黄晓春，2015），改变以往关于社会组织的法律法规中存在的指导思想偏差、立法层级偏低、立法内容偏向程序性操作的缺陷等所带来的缺乏实体性规范、税收扶持性政策，准入门槛过高等一系列问题（汪志强，2006；柴振国、赵新潮，2015）。其次，明确社会组织的角色定位，激发彼此的信任程度，提升社会组织参与政府治理改革的信心，积极营造以宽容、理性、参与为核心的协商文化建设（孔祥利，2018）。另外通过登记归口、行政监督等方面的结构性调整（袁方成、陈印静，2013；崔月琴、沙艳，2015），为社会组织在人事任免、财务规划、服务项目运营、协商机制构建等行动策略与技术层次上，设定更多的自主选择与自主决策的空间（范明林，2010；姚华，2013；黄晓春，2014；孔祥利，2018）。最后，政府也应积极引入第三方评估机构，通过其自主性与专业性的有效发挥，为社会组织治理转型搭建起多元的交流性平台，并积极探寻有效的合作模式，利用彼此的专业知识来扩大组织的社会影响力，进而强化社会组织作为社会治理主体的力量，实现多部门、多层次、多主体的协同治理（王名等，2014；黄晓春，2015；陶传进，2016；崔月琴、龚小碟，2017）。

社会组织自身则应积极构建以理事会为核心，声誉机制、问责机制、信息披露机制健全的现代化内部治理结构（李维安，2015），通过组织吸纳、个体发育以及群体集聚等方式，完善内部专业人才成长机制（陈书洁，2016），利用相关项目的运行与创新，拓宽财务渠道、强化组织独立性（Felicio & Goncalves，2013）。伴随着社会企业家精神的不断兴起（Jurgita & Eimantas，2015），社会组织也在积极模仿商业组织的运行方式（Chirs et al.，2015），在内外部治理主体相互协作、信任与适度竞争的行业环境下[1]，提升组织治理有效性。

五、研究述评

本节对社会组织治理有效性特征进行了梳理，发现社会组织治理有效性除具备过程性、动态性、目的性并天然地同合法性相联系的一般特征外，还具有复杂性与敏感性，这也在一定程度上印证了关于社会组织治理有效性研究的重要性。基于此，本书从内外部治理与治理转型的角度，对影响社会组织治理有效性的各类因素展开系统性梳理，以期对当前该领域的研究进展有更为准确的把握。

从内部治理角度来看，本书从最为核心的理事会与经理层两个方面展开。理事会方面的研究强调理事成员对组织的认知与价值观、理事会成员间的异质性与内部特征，以及所带来的各项资源等对社会组织治理有效性的影响；经理层研究则基本沿循着公司治理的研究范式，多从委托代理角度出发，探讨经理同理事之间的协调关系，以及激励机制、监督机制等制度性安排对治理有效性的作用。在这一过程中，我们发现国外文献不仅在数量上明显多于国内文献，同时在研究深度、研究样本选取与细化、研究方法等方面与国内都有较大的差距。具体来看，国外该领域的研究主体已细化到基金会、医院等特定主体之中，并综合利用实证研究、调查问卷、案例分析、元分析等诸多方法，使得相关理论成果颇为丰富。当然，造成这一现象的原因是多方面的，如我国社会组织发育成熟度还较低、公民意识也尚未完全觉醒，社会组织在社会治理中的作用也并未完全得到重视与认可等，但并不能掩盖理论上

---

[1] 引自党的十八届二中全会和十二届全国人大一次会议审议的《国务院机构改革和职能转变方案》。

的研究差距。事实上，随着我国治理现代化与治理转型趋势日渐凸显，化解社会矛盾、政府简政放权、推动社会资源高效分配、积极贡献社会组织治理领域上的智慧，也变得更显迫切与有意义。

在外部治理方面，虽具体国情、制度与社会组织发展阶段各不相同，但均不约而同地注重政府在社会组织治理有效性上所发挥的作用。国外方面，虽有质疑声音，但是大多数学者关注政府通过引导社会组织市场化来提升组织融资能力与治理的专业性，进而在竞争较激烈的慈善市场中，倒逼社会组织本身提升治理有效性。当然这与国外完善的法律体系、政府对社会组织的信任程度、政府自身的角色定位、良好的社会企业家精神等因素是分不开的。相较而言，在该视角下，我国学者更加关注社会组织治理有效性同行政合法性间的关系，并积极倡导通过"政社"间新的合作关系，来使得社会组织以治理有效性获得合法性，政府则以给予合法性来推动社会组织发挥治理有效性。

在治理转型方面，受具体环境、制度背景、资源依赖等因素的影响，包括科技社团在内的我国社会组织在治理过程中表现出的高度行政化已基本得到共识，并且这一治理方式虽在一定时期内会对社会组织的发展带来推动作用，但随着社会发展其阻碍社会组织治理有效性提升的弊病也开始逐步凸显，需要有针对性地展开去行政化，实现治理转型。对此，相关学术研究主要从政府与社会组织自身两个角度展开讨论，但相较于对鼓励社会组织完善治理机制、拓宽融资渠道、增加社会资本存量与质量等方式而言，当前研究多强调政府所起到的先行引导性作用。这些研究成果，从治理理论、博弈理论、社会学理论等角度展开，为我国社会组织治理转型的实现，同政府构建新型治理关系与模式提供了强有力的理论支撑，也为本书研究提供重要的启发："信任""规范""合作""互惠"等典型的社会资本字眼出现在该领域的众多研究文献中，但却均未对其作出准确的归纳与专门性研究。此外，相较于公司治理有效性的研究而言，社会组织领域尚未形成较为成熟的理论体系，研究方法也集中于现象描述与规范性分析，研究维度较为单一与静态，很难准确地解释我国社会组织发展的实际状况。

总体来看，社会组织治理有效性这一主题得到国内外学者的普遍关注，也成为当前研究社会组织领域的热点问题。国内在该方面的研究呈现出明显的"重外轻内"的特征。即偏向从政府角度来考察如何提升社会治理有效性，而忽视组织内部以及内外部关联的相关研究，且研究方法普遍较为单一，多为规范分析。而国际上不仅研究方法丰富，也更加注重从社会组织内部治理角度来观察对其有效性的影响。在学习与借鉴相关思路与研究范式的同时，也发现国外的相关研究更集中于对慈善类社会组织进行分析，但鲜有涉及诸如科技社团等互益类社会组织。从分类治理角度来看，两类社会组织的治理目标、组织属性等具有显著区别，这也成为本书相关研究的拓展空间。

第二节　科技社团的兴起及其治理有效性研究

为凸显研究主体的科技属性、社会属性、会员属性特征，在最大程度上集中反映科技社团治理理论的研究现状与不足，本书特将科技社团治理研究的代表性理论成果单独列为一节，并从科技社团研究的兴起、科技社团治理有效性的相关研究两个方面展开论述。

一、科技社团研究的兴起

自20世纪80年代以来，世界范围内以非政府组织或非营利组织为研究对象的第三部门研究逐渐成为热点。其中，社团作为非营利组织的一种，极大程度上满足着公民的集会自由、请愿权与结社权。这些权利通过组织加以固化，在以社会共同价值与"善"的取向逐步取代个人权力的优先性的情况下，社团逐步形成，并在日常生活的实践层次上，提醒社会个体都不可能完全脱离同社团的联系（韩震，1995）。

当社团在全球范围内兴起时，具有科技属性的科技社团，也在科学技术与社会文化的进步与繁荣的同时逐步发展起来。通常，科技社团被视为科技工作者自愿组成的柔性科技类社会组织，也是作为非机构化、可接受非职业科学家参与的科学共同体（王春法，2012），体现着本科学领域内科技工作者间的信任、互惠、网络资源与机构的状况。它不以营利为目的，且独立于政府和企业之外（杨文志，2006），其主体主要包含学会、协会和研究会（周大亚，2013）。除具有一般科学共同体的学术性、共生性与动态性特征外（李子彪等，2016），科技社团本身是作为独立的法人主体而存在，具有相应的自治权及自主经营能力；组织的基本价值则又是以持有共同理念与共同规范的会员为基础，依靠会员提供的会费作为组织运营的基本资金来源，并最终以知识、信息、社交网络等服务形式给予反馈，因此科技社团天然地具有互益性。

伴随着大科学时代的到来，科技社团通过资源的交换，不断壮大组织，提升其在学术界、社会等场域的影响力。这为科技社团同政府、企业等诸多利益主体展开更为全面且深入的合作提供了可能（Harrieta，1988）。科技社团也因此逐渐承担起了公共智库的职责，逐步兼具社会公益属性。这使得科技社团同外部利益相关者特别是政府间的关系变得更为重要。

二、科技社团治理有效性的相关研究

（一）科学共同体治理

科技社团作为科学共同体的一个重要组成部分，对其治理问题进行研究，首先需要对科学共同体及其治理理论进行认知。英国科学哲学家Polanyi（1943）正式提出科学共同体概念，强调在大科学时代下，"科学家难以孤立地完成科学使命，他必须在各类制度或体制的结构中占据一个确定的位置，每个人也均从属于一个特定的集团。而科学家的这一集团则形成了科学共同体，该共同体的决策与相关意见，将对于每个科学家个体的研究产生深远影响"。这使得科学共同体被界定为由全社会从事科学研究的科学家所组成的具有共同信念、共同价值和共同规范的社会群体，在科学建制下所构建的社会网络，也将对每一个个体会员的科技工作产生重要影响（Baker，1978）。

此外，包括Polanyi在内的诸多科学家普遍认为，自治性是实现科学共同体良性运行的基本保障（Polanyi，1943；Merton，1970，1979；Baker，1978；Kuhn，2012）。而伴随着"后学院科学"时期的到来，科学共同体也由传统的"科学共同体—政府"二元线性结构逐步过渡到科学共同体、政府、企业以及公众所共同组成的多元网状结构中（程志波、李正风，2012）。在这一宏观背景下，"科学治理"理念开始逐步兴起并为科学学界所重视。科学治理既包括"治理中的科学"（Science in Governance），用于强调将科学知识、科学精神、科学方法等在公共治理中的应用，侧重治理的"科学性"，涉及范围包括科学学活动领域及非科学学活动领域（ESRC，2011；EC，2011）；

同时这一概念也包括"科学本身的治理"（Governance of Science），其强调用治理的理念、原则和方法来管理科学事务，强调科学管理的"治理性"。

大学作为科学共同体的重要类型，其有关治理理论的研究可以说是该领域最为活跃的，通过对大学治理内容的分析，也能为我们梳理科技社团的治理提供思路。而在大学治理理论体系中，关于行政权力与学术权力的匹配始终是核心问题之一（Pamela，1999；王世权、刘桂秋，2012；Huang，2018），也可以说是研究大学治理问题的逻辑起点（李维安、王世权，2013）。由于大学的天然属性，早期学者往往关注学术权力的维度、教授权力、教会权力以及学术自由等问题（Pamela，1999；胡建华，2007）。但随着大学本身规模、作用力不断壮大，其产生的行政问题，包括大学行政权力泛化、大学行政权力范畴界定与合法机制等便开始纳入研究者的视野中来（赵婷婷、于旸，2006；李从浩，2012；王世权、刘秋桂，2012；陈金圣，2015；Huang，2018）。由于我国传统文化习俗以及具体国情，使得大学中行政权力的过度介入、"官本位"意识盛行，引发学术权力与行政权力的直接冲突（王利民，2005）。从当前来看，只有强化学术民主制度建设、提升学术权力、去行政化等措施，才能实现两种权力的有机结合，推动我国大学治理良性发展（毕宪顺，2004；王利民，2005；王世权、刘桂秋，2012；陈金圣，2015）。

（二）影响科技社团治理有效性的研究

结合科技社团治理有效性特征，现有文献多从治理目标、治理结构、治理机制以及治理转型的角度切入，对影响科技社团治理有效性提升展开研究。具体来看：

与其他类型的社会组织与科学共同体相类似，科技社团的核心治理目标同样在于追求公平与效率的平衡，进而达到公平与效率的善治效果，实现利益相关者之间的利益平衡（李维安，2014）。特别是，科技社团需紧随科学社会化与社会科学化的时代趋势，通过构建有效的内外部联系网络，提升知识生产与传播的效率，推动科技评价客观性、科技决策科学性、科技资源使用高效性、科技信息提供的增值性等治理目标的实现（Hessels，2008；张思光等，2013），进而有效激活科技社团在公共知识产生与流动（Richard，1993；Ivan & Wesley,1999；王春法,2006；王春法,2012)、技术标准制定（Shambu，

2005；周大亚，2013）等一整套国家治理创新体系中的作用。这实质上是对科技社团在治理结构与治理机制方面提出的明确要求。

在治理结构方面，对于绝大多数科技社团而言，会员大会往往是其最高的权力机关，但具体的决策主体往往是理事会，而秘书处则是专门的行政机构，维持科技社团的日常运作，因而也是执行机构（郝甜莉，2017）。通常，科技社团的理（董）事会也具有核心地位。一方面，理（董）事会享有社会组织道德上的所有权（Moral Ownership），行使组织日常的决策权和控制权，并通过运用决策的变动技巧与执行经理之间维持一种合作与建议的关系，保证组织工作的灵活性、开放性和创造性（Mandato，2003）；另一方面，理事会往往是科技社团获得稀缺资源的重要途径与来源，特别是在"精英治理"的背景下，理事长或副理事长所拥有的学术声望、同政府间的关系等社会型资本，将直接对科技社团治理有效性、组织运行效率、社会形象、决策过程产生重要影响（Tracey et al.，2011）。一旦科技社团内部缺乏有效的协商机制与权力分配方式，那么这种倾向于"精英治理"的方式则极易产生"搭便车"的行为，以及"内部人控制"的现象（霍尔，2003），将抑制治理有效性的提升，这一点已在商业协会中得到证实（张捷、张媛媛，2009）。对此，可通过提升行政人员的专业化水平以及理事会构成的多元性等方式加以缓解。诸如通过增加女性董事比例、增设女性科技工作者委员会等方式，来优化治理结构，推动相关治理决策的科学性与有效性（张明妍等，2016）。

从治理机制上看，科技社团也将理事会作为主要的研究主体展开。首先，理事会应作为其内部控制的核心，执行预算、组织控制、绩效评价等重要决策（Jensen，1993）；其次，作为科技社团与外界接触的主要桥梁，理事会对组织负有最终责任，因此采用合约激励的治理机制也是个有效选择。除此之外，落实监事会制度，积极完善内部监督机制，对理事会开展有效权力制衡（徐顽强等，2018），统筹兼顾相关战略规划与章程，明确内部治理文化以提升科技社团凝聚力与感召力，协调内部各项机制（潘建红、卢佩玲，2018），也均是提升理事会治理有效性的可选途径。而在外部治理机制上，主要指科技社团外部的环境条件和监督主体对科技社团资源获取形成的约束及互动作用。这其中主要是通过借鉴公民社会发育成熟的国家的科技社团发展模式，结合我国的具体国情，来讨论科技社团的监督、评估等（曾维和，2004），以及通过完善相关法律环境与社会广泛参与形成的协商监督机制（康晓光、冯利，2004），提高科技社团的合法性与可信度，进而增强其竞争力（陈晓春、赵晋湘，2003）。现阶段，我国并未就科技社团单独立法，其条文主要参照《慈善法》与《社会团体登记管理条例》。与此同时，我国的科技社团与科研机构也缺乏跨领域、跨地域间的内外部交流与合作机制，这些因素都在很大程度上限制了我国科研机构与科技社团的运作效率与相关成果的转换（Guinet & Zhang，2007）。

在治理转型方面，沿袭我国社会组织普遍受到较强行政力量干预的"特质"，当前在科技社团治理改革中，通过积极承接政府治理职能转移的方式，去行政化已成为我国学者研究科技社团治理的主要议题（陈建国，2015；鲁云鹏，2017；鲁云鹏，2019）。这实质上需要社团组织的发展动力机制能够实现转变，能够从适应"形式参与"的组织形式变革到适应"有效参与"的组织形式（王名、贾西津，2002）。为此，科技社团可利用组织自身学科专业性特质，将科技奖励、科技人员评价、科学技术评价等"公益性"方面的职能从政府手中承接过来（汪大海、谢海瑛，2007；龚勤等，2012；陈建国，2015）；而政府则可通过招投标等政府采购的方式，来实现同科技社团之间的协作治理关系（陈建国，2015；黄涛珍、杨冬升，2015），进而减轻相关的行政干预，从而逐步实现治理模式从"行政型"向"社会型"转变，形成高度的自主权与自治权，以提升治理有效性（汤丹剑，2014）。在知识的不断积累、共享与创新的过程中，形成自身的核心竞争力（杨红梅，2012）。

三、研究述评

无论是从科学共同体角度来看，还是具化到大学上，关于科学学领域采用治理思维与研究范式已得到学者的共识，这一点在"科学治理"得到进一步论证，同时也反映出跨理论、跨学科的交叉研究已成为探究科学共同体治理的重要途径。而科学本身的自主属性，也在实质上要求科学共同体需保持高度的自治性，这便为我们深入研究其行政型治理这一研究情境提供了基础与平台。但需要指出的是，现有研究立论视角单一，多数研究仍秉持管理对抗性思维，关于行政权力与学术权力在科学共同体中的配置等治理核心问题也仍旧存在争议。另外，虽同属于科学共同体范畴内，但科技社团与大学所面临的主要利益相关者、内外部治理结构与机制却存在较大差异，关于大学治理中的相关研究结论是否也适应于科技社团等问题都亟待解决。

事实上，伴随着科学技术与科学建制的发展，科技社团在国家治理创新体系的构建方面所起到的重要作用，已经得到学术界普遍认可。为此，学者们从治理目标、治理结构、治理机制以及治理转型等角度，对影响科技社团治理有效性提升的各类因素展开相关探索，并且其主要着力点主要反映在关于理事会运行机制及其对治理有效性影响的探索。虽研究角度各不相同，但不难得到以下结论：科技社团作为典型的"精英治理"组织，理事会无论是对治理结构、机制，进而延伸到治理有效性上，均产生极其重要的影响。这种影响一方面可为科技社团带来稀缺资源，扩大组织的社会影响力，但另一方面若对相关资源缺乏有效的制衡机制，则也易发"内部人控制"等治理问题。虽然现有研究已经意识到理事会对科技社团治理有效性所产生的正反两方面作用，但并未对其背后的作用机理作出有效解释，并且以上结论多是通过具体事件或者理论推演得出，也并未得到实证检验。理事会虽掌握诸多重要资本，但对于会员而言，其更看重哪类资本，这些资本是否能够转化成组织自身的资本与能力，进而提升治理有效性，这些问题均需我们进一步解释与回答。事实上，从现有文献的回顾来看，关于科技社团治理有效性的内涵、特征、衡量指标等基础性问题均未得到有效且清晰的界定，这将直接影响到对我国科技社团治理有效性情况与问题的整体把握，也限制了后续实证研究的开展。

同样，受历史因素影响，当前我国科技社团也面临着治理转型和去行政化的议题。为此，学者主要从转变政府职能，提升制度供给，以及加强科技社团自身专业性以有效承接政府相关职能转移这些方面展开论述，并取得诸多理论成果。但仍需进一步指出，具有高水平研究价值的文献普遍倾向于对优化外部治理环境、创新政府与科技社团关系上展开论述，而对科技社团内部如何实现治理改革、提升各类资本利用效率等则研究不足或不深入。

总体来看，国内外关于科技社团治理的研究虽取得了一定成果，但同其重要作用相比，仍旧显得"十分匮乏"(Richard，1992；周大亚，2013；Delicado et al.，2014)，处于理论初期的探索阶段。虽有文献涉猎科技社团治理及其有效性研究，但均并未针对该类型组织本身的特征与属性展开系统论证，相关概念表述也较为模糊，更缺乏具有针对性的实证研究对其进行深入剖析，亟须我们能够归本溯源，有条理地针对科技社团治理有效性展开更多有价值的探索。

第三节 社会资本与社会组织治理有效性的研究

通过对包括科技社团在内的社会组织治理有效性研究的文献进行梳理，我们发现诸多有价值的理论与研究成果均提及了合作、互惠、声誉、规范等典型的社会资本在其中的作用。事实上，对于依靠公众支持、会员信任、情感与兴趣支撑的社会组织而言，这些社会资本的确是其治理有效性提升甚至是赖以生存的基础（Van，2012）。基于此，本节将从社会资本的角度进行切入，在对社会资本进行一般性理论分析的基础上，梳理该类资本对社会组织治理有效性的影响。

一、关于社会资本的一般性理论研究

（一）社会资本的内涵与特征

对社会资本的正式研究始于20世纪70年代初，Bourdieu通过对文化展开一系列研究，把文化既看作是一种社会动力，也看成是一种结构性的现象与资本，社会资本的概念便逐步从文化资本中衍生出来。Bourdieu（1986）认为社会资本是个人在社会结构中所形成的社会网络联系，也是一种与群体成员资格和社会网络联系在一起的资源，以相互认识和认知为基础，影响个人的各类回报。Coleman对社会资本的研究在一定程度上吸收与继承了Bourdieu的一些观点。但是，Coleman（1988）将社会资本的内涵进行了扩展，他从理性行动理论出发，依据社会资本的功能属性，指出社会资本并非单一体，而是一种复杂的社会结构，能够为该结构内的个人提供便利，也是人力资本创造、传递与获得的重要社会条件。Coleman认为，社会资本能够通过权威关系、义务与信任、有效规范和惩罚、存在于内部的信息网络以及多功能社会组织等五种形式得以表现。其所具有的公共物品性质，使得社会资本不可转让，这也是同其他类型资本最为主要的区别。而在这五种表现形式中，信任关系是最为核心的组成部分。信任关系等人际关系的实质是一种基于"理性计算的委托代理关系"，信任的给予完全在于行动者对委托行动的收益与权衡，其本质是一种"互惠关系"的体现（Coleman，1998）。

此后，Putnam 的相关研究推动着社会资本及其相关理论的基本形成并得到广泛认可。在《使民主运转》一书中，Putnam 从社会资本角度对意大利南方与北方社会治理绩效展开为期近二十年的跟踪考察，他指出造成两个区域经济和社会发展出现重大差异的原因在于两地的社会资本存量与质量的不同。南部地区发达，是由于有着良好的公民自治传统，这源于"城市联盟时期的市民社会精神在当代演化成具有创新意义的公民团体"。这在很大程度上履行着政府的职能，在加强公民间交往的同时，也能够塑造社会规范。事实上，这已经形成了一个"具有高度自治精神与互信的社会网络"，在该网络内，成员间的交易成本是很低的；反之，在意大利北方地区，领主文化背景下的公民传统颇为薄弱，由于缺少自治传统，长期维系的是一种依靠家族、宗派、庇护附庸的关系网络，网络内成员间的交往规范缺失，持续性的互信关系也因此较低。这些都增加了该地区的交易成本，进而阻碍了社会治理与经济发展（Putnam，1993）。因此，对于 Putnam 而言，社会资本是社会性组织的某种特征，例如信任、规范与网络结构内的成员可通过社会资本促进合作与协调行动，进而提高社会效益。此外，Putnam（2001）认为社会资本有历史性特征，而普遍互惠准则可以说是检验社会资本存量与质量的试金石。

当前，国内外关于社会资本内涵界定的研究成果较为丰富，有从组织本身角度展开的，指出社会资本是由社会结构关系所塑造、能够为组织带来潜在价值的某种心理状态、感知、信念和期望（Leana，1999；Kostova，2003；Chuang et al.，2013）；有以自组织理论相联系，提到社会资本是一种在经常性互动过程中自主形成的、为人们共享的行动规范或制度安排（Ostrom，1998）；也有直接从社会组织角度出发，指出社会资本是基于信任的非营利的社会网络，该网络可促使组织进一步推进其目标的实现（Schneide，2009）。

虽然界定角度不尽相同,但从总体上看关于社会资本内涵的认知逐步向网络、规范与信任(或认可)三个方面收敛(Halpern,2005;赵雪雁,2010)。

(二)社会资本的层次性

从社会资本内涵来看,该概念本身便具有多层次、多维度特征。通常,从逻辑的条理性与可衡量性角度来看,国内外学者习惯从社会资本的二元性角度切入,即微观层次与宏观层次两方面进行研究(Portes,1998;Adler,2002;Son & Lin,2008)。

微观社会资本多指个体社会资本,关注于个体行动者能够嵌入社会网络中的资源范围与存量,资源的可获取性,以及如何有效利用这些资源,其本身是个体行动者外在社会关系的重要表现形式(Portes,1998;Adler,2002;Lin,2001)。这也使得微观社会资本能够利用这种社会关系,为个体所有者提供获取各类所需资源,如信息、知识、社会支持、影响力、合作等方面的途径(Granovetter,1973;Bian,1997)。因此其研究重点在于个人如何对社会关系进行有效投资,在更为广泛的社会结构中动员稀缺资源,以获得相应的价值回馈(Alejandro,1995)。对该投资行为作进一步细分,可划分为工具型行动与情感型行动两类,其中工具型行动是获得该个体所缺乏的资源,如财富、权力、信任以及声望等,是在相对开放的网络中进行社会交换的结果;情感型行动则是在相对封闭的网络结构中,保证身心健康、兴趣爱好、个性发展等,以提升生活满意度(Lin,2001)。由此可以看出,微观层面的社会资本更为关注其工具性与目的性(Burt,2000),后续也均在此理论基础框架下,针对不同类别的个体,如农民工(王春超、周先波,2013)、企业高管(高凤莲、王志强,2015)、知识型员工(曹勇、向阳,2014)等,在收入能力、信息披露水平与创新行为等方面展开深入研究。

而对应的宏观社会资本则指的是集体社会资本,特别是强调整个社会、国家或社区层面上,通过在群体中表现出的规范、信任和网络联系等特征,从而促进集体行动者之间的内部关系,提升合作意愿并发展规模经济(Fukuyama,1995),以显著提升群体的集体行动水平(Adler,2002)。其强调的是如何通过加强内部成员间的协调性,以提升整个群体的目标,如民主参与、社会发展、贫困治理、技术创新等。而社会性的社会团组织其本身便是社会中社会资本存量的有效显示指标（Putnam，1993），这也使得宏观社会资本在一定范围内具有公共物品的属性（Adler，2002）。

但 Ostrom（2002）曾指出除个人微观层面与社会宏观层面的社会资本外，具有中间混合属性的社会资本，即组织社会资本也不应被忽视。毕竟这是社会资本组成中不可或缺的一部分，不应因社会资本的集体性而常常与宏观社会资本混在一起而被忽视（Grootaert & Van，2002）。恰恰与之相反，社会资本概念本身便兼具微宏观两个层面的双重特征（庄玉梅，2015），将不同层面放在同一研究框架下进行解释，以更好地探析社会资本不同维度之间的关系、不同尺度的转换，也正是社会资本未来研究的重点领域（赵雪雁，2012；Chuang et al.，2013）。当前，对于组织社会资本的研究多集中于营利性组织，研究重点多立足于如何影响个体行为、增强其内部成员生活机会（Lin，2001；Kassa，2009；康丽群，2015），有部分前沿性研究突破了层次性障碍，如探索个体社会资源嵌入性、个体社会资本如何转化为组织社会资本的研究（吴宝，2017），以及组织间利用学习效应提升组织运行效率，推动信息流动与整合（邵安，2016）等。反观社会组织层面的社会资本研究，不仅缺乏层次交叉性研究，相关内容的基础性研究也颇为匮乏。

二、社会资本的治理有效性研究

（一）社会资本同社会组织治理有效性的研究

从整个社会治理视角来看，社会资本往往被视为社区和谐构建的重要黏合剂，而社会组织则有效扮演了社会资本"酿造场""开发者"的重要角色，即社会组织本身便被视为社会资本的重要表现方式与形成载体（Putnam，1993；林闽钢，2007；万生新、李世平；2013），这也使得社会组织将社会资本天然地分割为三个层次，即个体微观社会资本、组织社会资本以及整个社会的社会资本（兰华、付爱兰，2005）。因此，如何激发社会组织内的社会资本，不仅关乎社会组织本身的治理有效性，同样也有利于提升社会治理的能力，这使得相关内容成为该部分研究的核心议题之一。

从形成机理来看，若一个社会团体中的成员像从诚实行为、规范中获得期望值那样共同分享与遵循一整套道德价值体系的时候，社会信任便会由此产生（Fukuyama，1995）。特别是在科层制设计的原理之下，以组织章程为正式形式建立起来的复杂性权威机构，能够将某一行业或利益群体的权威关系由单个自然人间的特殊信任转化为组织内成员对该行业或结构内的整体认同，进而形成超越于从业者与服务对象间特殊信任的抽象性普遍信任（李学兰，2012；张恂，2016）。但也有学者指出，科层制的组织往往会产生"搭便车"的问题，而随着网络结构的发展，以目标导向的非结构性沟通形式的社会组织往往更有利于信任的产生（Guiso et al.，2011；Pentland，2012；Rik，2018）。虽然研究存在一定分歧，但这只是由于在特定环境下，社会组织结构的形式不同而产生的。Rik（2018）同样认为，科层制的正式沟通，对于具有不同角色的个体在不同类型的组织间转换，则更容易产生有效的社会资本。这实质上丰富了关于社会组织能够产生社会信任的观点。而社会期待与互惠性合作往往又植根于人与人之间的信任关系，这就使得通过推动社会组织力量整合、注重培育社会资本存量，来提升社会整体运行效率成为可能（樊怡敏，2015；杜焱强、刘平养，2016）。

当然，社会资本同社会组织之间本身更是一种"互惠"关系，民间社会组织也能够凭借社会资本，实现"自生自发"秩序（Fukuyama，1992）与网络收益（李维安，2013）。具体而言，包括科技社团或行业协会在内的社会组织，往往具有熟人社会特征和非科层化的平等沟通网络特点（陈剩勇等，2004），其积累的诸如信任、互惠规范、积极参与等形式的社会资本存量的高低，往往会影响社会组织的治理有效性，通常社会资本越丰富，存量越大则越有利于组织绩效的提升（石碧涛、张婕，2011）。这是由于社会资本存量决定着社会组织的活力和资源动员能力，具有自我强化和自我积累的倾向（吴军民，2005）；同时社会资本能够增加个体间合作与监督意识，从而降低"搭便车"行为的发生（Bowles & Gintis，2002；Guiso et al.，2011；Rik et al.，2018）。为此，需要通过加强行业道德建设、增进公共责任感来提升非营利组织的社会资本容量，进而提高社会组织治理有效性与社会公信力（问延安、徐济益，2010）。此外，也有学者认为社会组织资本存量同社会组织的自主治理程度有关，并依照资本存量与自治理程度的不同，将行业协会类社会组织分为不同的运作模式,来考察不同治理模式转型的路径,并得出在我国总体呈现从稀疏关系向横向科层转变的结论(吴军民,2005)。这实质上也回归于曹荣湘(2003)所指出的政府应当给予"同个体公民交往的行动和精神留出适当的空间",以免给当地社会组织的可持续发展所依赖的社会资本造成极大的破坏。

总体而言,社会组织作为社会资本的载体,不仅能够有效促进社会资本的产生,推动社会治理有效性的实现,同时更是其安身立命之本(高红,2008)。社会组织的社会资本先天性也使得其在组织价值增值上占有优势,想要提升治理能力,便需要结合自身的社会资本(林闽钢,2007)以有效缓解社会组织前行的困境与发展瓶颈,促进社会共同体的形成、增强社会组织社会主体性,提供有效的社会支持(李宜钊,2010;陈宇、谭康林,2015)。

(二)社会资本同其他组织形式治理有效性的研究

由于社会资本是社会行动者从社会网络中所获得的一种资源类型,其治理作用与社会价值也不仅仅体现在社会组织之中,对社会治理的另两大主体——企业与政府也具有显著性影响。

首先,企业作为有目的的行动者,社会资本的分析范围与逻辑便不可避免地被扩展到企业层次,影响其治理有效性的实现。事实上,关于社会资本的治理作用,最早便是通过营利性组织得以具体体现的,如 Burt(1992)所论述的结构洞理论,利用社会资本来反映企业的关系网络、社会互动、位置中心性等重要特征,从而对组织治理效率、网络间人际信任产生影响。其具体的作用机理主要包括以下三个方面:其一,社会资本能够促使企业间形成彼此认同的规范与期待,从而也能够减少交易中的不确定性与机会主义行为,强化彼此信任程度,提高合作意愿,进而降低交易成本(Granovetter,1985),提升组织在信息披露(高凤莲、王志强,2015)、投资决策(肖兴志、王伊攀,2014)等方面的治理有效性水平。其二,社会资本有利于营利性组织获取更为丰富的社会资源,弱化社会风险,如嵌入性的银行关系,能够产生特殊的治理结构作用,使企业更容易获取贷款,拓宽融资渠道(Faccio,2006)。又如,企业社会资本与政府相关联,也能够更为便捷地获取政府补贴、税收优惠,甚至是进入政府管制性行业之中(徐明桂,2008)。其三,社会资本也有利于企业创新行为的发生。网络位置作为社会资本的重要类型，其中心性对于企业获取信息、更有效率地转移技术知识、促进组织间合作与学习具有重要作用，有利于组织创新绩效的实现（Brown & Duguid，1996；程聪等，2013）。

其次，社会资本作为一种非正式制度，能够同正式制度间产生一种替代与互补关系，政府治理过程中的非正式制度的良性约束，则对于社会秩序、市场秩序等均具有持久的规范作用，是经济长期稳定增长、社会和谐的重要保障（姜琪，2016）。在经济增长方面，Cortinovis等（2016）研究发现社会资本对经济增长的重要性强于政府质量，其中共通性社会资本（Bridging Social Capital）起到了关键性作用。该研究有效地将社会资本同政府治理有效性进行了联结，此后张梁梁等（2018）进一步指出社会资本偏好度越高，政府在公共支出、维护市场机制运作等方面的治理转化效率越强，则越有利于经济保持可持续的快速增长态势。而在社会民主构建方面，社会资本有利于政府所在区域内形成共识性民主意识，对政府在乡村治理（马得勇，2013）、环境保护（颜廷武等，2016）、城市居民互惠（胡荣等，2011）等方面均具有建设性作用。

三、研究述评

通过回顾关于社会资本领域代表性学者的研究内容，结合当前的理论研究成果，我们不难发现，学界对于社会资本的认知大体趋向统一，可大致归纳为从文化领域衍生出来的规范、基于共同语言间与相互沟通的信任以及处在不同社会结构下的网络这三个部分。正是由于概念复杂性，使得社会资本呈现出层次性，当前研究热点聚焦于社会个体微观层面与社会宏观层面，且组织层面的社会资本多聚焦于营利性企业中。此外，以上研究也多忽视组织社会资本的特征，未将个体社会资本的嵌入性作用、具体的时代背景与制度环境融入其中，使得研究深度略显不足。

关于社会资本治理作用的研究方面，提醒我们需要辩证地看待社会资本的影响。一方面，众多学者倡导提升社会资本存量，以降低交易成本，提升社会与组织治理有效性，解决社会治理转型所遇到的诸多问题；另一方面，封闭的社会资本也会导致"小团体"的出现，抑制组织效率的提升。但不可否认，社会资本的积极作用仍旧大于其消极作用。关键不仅在于社会资本的存量，同样也在于社会资本本身的质量与类型。但较为遗憾的是，现有国内研究多从存量角度出发笼统地进行分析，忽视内涵丰富的社会资本的不同类型所展现出的不同治理作用。

而在梳理社会资本同社会组织及其治理的关系研究上，我们可以看到社会组织同社会资本具有天然的联系，甚至社会组织本身便可视为社会资本，也是社会资本的重要开发者。这使得学者普遍认为，社会资本同社会组织之间具有明显的互惠关系，这也是该部分研究的重点。但当前关于社会组织社会资本的研究颇为匮乏，更鲜有聚焦于某一类社会组织之中的研究。研究主体的模糊，使得相关研究问题难以聚焦，研究结论的指导性也因此不强。如对于"精英治理""熟人社会"特征明显的科技社团而言，显然现有理论难以实现有效论证与解释。而关于社会资本如何对社会组织治理有效性产生作用，现有文献也未对其形成机理、过程进行详细阐述。此外，社会资本的治理作用与社会价值不仅体现在社会组织中，对于政府与企业而言同样具有重要影响。通过治理主体间理论成果的相互借鉴，也能为社会资本理论的深入研究提供新的思路与方向。

本 章 小 结

本章首先从社会组织治理有效性的相关研究展开，通过论证社会组织治理有效性的特征，指出该领域研究的复杂性与必要性，随后针对现有研究的典型文献，从内部利益相关者、外部利益相关者、治理转型三个角度展开分析。本书发现在该部分研究中，国外较为重视社会组织内部，并且研究方法较为成熟，多采用实证分析。而国内则更为强调同外部利益相关者之间的关系，特别是同政府方面的研究，但研究方法与范式较为单一，多集中于现象描述、对策建议等规范性分析，缺乏数据、案例等具体论证。秉持分类治理的研究思路，凸显研究主体科技属性、社会属性、会员属性等特征，本章第二节聚焦于科技社团治理理论的研究现状，通过对科技社团研究的兴起、科技社团治理有效性的相关研究这两个方面的文献进行回顾，发现关于科技社团治理呈现出"外冷内热"的现象，即典型文献多集中于国内研究，但同样视角也多集中于"政社关系"与行政合法性上，忽视了社团内部资本的有效配置与使用，并且相关理论研究也并未依照科技社团的特征，对其治理有效性有着较为准确与深入的认知。最后，本章将论证重心落在社会资本上，从该研究视角切入，梳理互惠、信任、规范等对社会组织治理有效性的影响。在这一过程中，发现现有关于社会资本的典型文献，鲜有直接对某一特定社会组织展开细致剖析的情况，且多忽视个体社会资本的嵌入性作用，也未将其融入具体的时代背景与制度环境之中。

总体来看，关于科技社团治理有效性、社会资本的理论研究，取得了诸多有裨益的成果，但同公司治理、政府治理等主体比较，研究则相对匮乏，难以有效指导实践。而通过对以上三个部分的文献进行述评，我们也发现本书的研究空间：在内容上应采用内外部资本相结合，并更多关注科技社团组织内部社会资本存量与质量，依照科技社团特征与属性，探究其治理有效性本质；在研究方法上需借鉴国外与公司治理的成果，除相关理论分析外，也应注重实证研究；在研究视角上，则从社会资本角度切入，综合微宏观研究内容，在兼顾组织社会资本属性的同时，也将个体嵌入性作用与宏观社会背景考虑进去，从组织层面进行系统分析，以期探究到提升我国科技社团治理有效性的具体路径，为治理转型提供新思路。具体内容如图2.1所示。

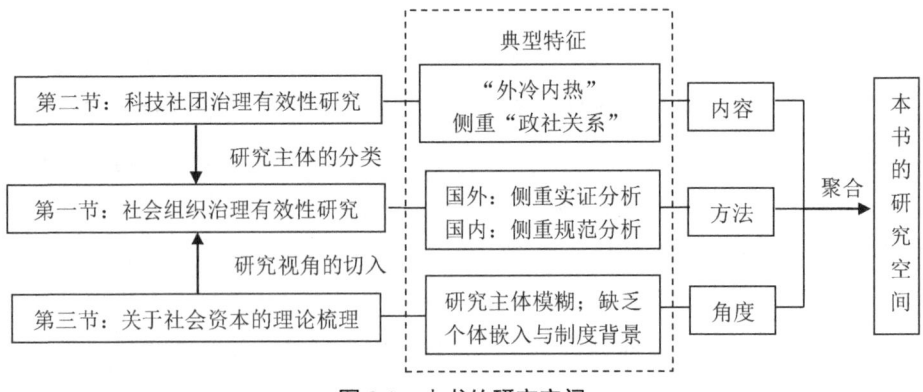

图2.1 本书的研究空间

第三章

科技社团治理有效性的概念化与指数化

第一节 科技社团治理有效性的概念化

关于对有效治理的理解，李维安（2013）曾作出较为形象的比喻，他指出若将组织的治理比作一间适宜居住的房子的话，那么治理结构可视为利用建筑材料搭建的基本架构，安装的门窗则为治理机制的建设，而必要的家具、装修则可视为治理有效性的建设，只有以上内容配置齐全，该房子才适宜居住。治理结构与治理机制是治理有效性的基础，但若不进一步提升治理有效性，则治理的系统工程便可会演化成"烂尾楼"，前期取得的丰硕成果便可能付之东流（李维安，2012；李维安，2013）。这一方面说明治理有效性的重要性，以及治理有效性与治理结构、治理机制间的关系，另一方面也指出治理有效性的过程性、动态性与结果性特征。Quinn与Rohrbaugh（1983）认为组织治理有效性包含运营有效、过程有效与结果有效；列恩与沃特斯（2014）也强调组织自身的治理有效性可从结构有效性、过程有效性以及结果有效性三个方面进行理解。这实质上为我们界定科技社团治理有效性划定了方向。

下文对科技社团有效治理概念化的过程，将依照"治理结构—治理机制—治理目标"的研究范式展开，主要从科技社团治理的特殊性角度论述，以期在界定科技社团治理有效性内涵的同时，挖掘出影响科技社团治理有效性提升的重要因素。

一、科技社团有效治理的特征

（一）科技社团的治理结构

科技社团脱胎于无形学院，虽经历了科学的建制化与组织的规模化，但会员制的特征与组织属性仍旧使得科技社团在组织结构上表现出高度柔性。以美国电气和电子工程师协会（以下简称"IEEE"）为例，作为全球最大的电子技术与信息科学的专业性组织，其拥有来自160个国家超过42万名的会员，截至目前该科技社团已制定了超过900项行业标准，在工业、信息技术产业中具有重大影响力[1]。作为在世界范围内权威性的学术类组织，其治理结构主要由会员大会、理事会、执行委员会、专业委员会以及秘书处构成。通常会员大会每年定期召开一次，听取理事会的年度报告以及理事长候选人的就职演说，并具有选举监事会的相关职能。而学会的重大决策则多由理事会来做出，当前IEEE理事会由31位成员组成，除3位轮值理事长、8位副理事长外，还包含区域代表10人、专业委员会10人[2]。由理事会聘请专业秘书长组成秘书处，对学会日常行政工作进行管理与维护。此外，理事会下设执行委员会，包括3位轮值理事长、6位副理事长以及秘书长，来细化理事会所制定的组织发展方向、财务计划等各项内容。理事会还下设若干工作委员会，由7万多名具有专业知识的义工协助完成组织的各项工作，包括召开学术会议、出版期刊等。

通过了解IEEE的治理结构，我们不难发现：本应具有股东大会性质与权力的会员大会，由于会员人数众多，且有超过四分之一的为海外会员，使得相关的沟通与决策成本巨大。为提升组织治理效率，其实质性权力，诸如任免理事长等逐步被淡化，更多停留于形式上，特别是随着信息技术的发展，会员大会多采用网络会议的形式展开，或通过流动性较强的学术会议等方式进行，这种以知情权代替决策权的方式也变得更为明显。而理事会则成为科技社团最高的权力机关，但颇为特殊的是，无论是理事长、还是副理事长、理事等，在学会中任职多为兼职，如IEEE当前的轮值理事长Moura日常是在卡内基梅隆大学任教。这使得科技社团内部治理的权力机关、监督机关、执行机关多类似于虚拟组织，仅保留行政部门为实体机构，负责学会日常经营与运作。此外，科技社团也并不提供实验室、实验设备等科研条件，学会在承接政府或企业所委派的科研项目后，往往会依照所涉及的具体专业，抽

---

[1] 资料来源：美国电气和电子工程师协会官方网站，https://www.ieee.org/about/index.html。

[2] 注：IEEE依照会员所属区域，将世界分为10大区域，美国本土6个，加拿大1个，拉丁美洲1个，欧洲、中东和非洲为1个，亚洲和大洋洲为1个；IEEE依照专业不同，将组织划分为动力工程、计算机、通信广播等10个专业组。

调相关学部的会员成立临时工作小组，所涉会员在明确任务后，往往会返回到自身所属的大学或科研机构等加以落实，整个过程呈现出矩阵模式。以美国电气和电子工程师协会为蓝本，综合英国皇家化学学会、英国皇家建筑师学会、美国天文学会、中国计算机学会等国内外知名科技社团的组织结构安排，图3.1对现代科技社团典型的内部治理结构及其特征进行了汇总。

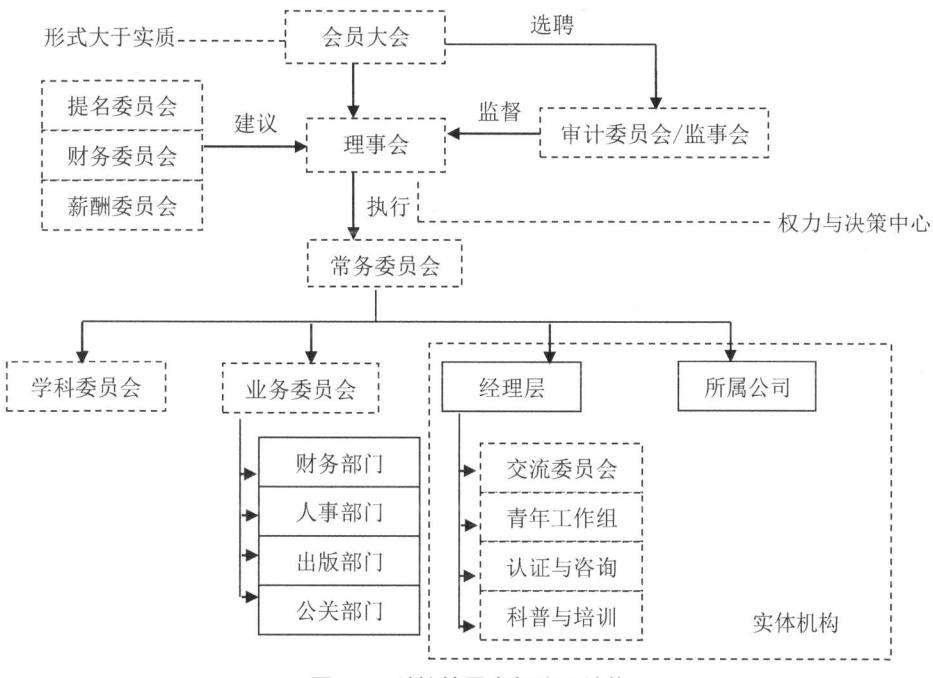

图 3.1　科技社团内部治理结构

总体来看，科技社团的治理结构呈现高度柔性化与虚拟化。这一点在我国表现得更为明显。由于特殊的历史背景，我国绝大部分科技社团是由政府直接创办，有不少理事长是由挂靠单位领导担任，全职秘书长制度也是在近两年"脱钩"趋势下刚刚推行，中国空气动力学会、中国工程热物理学会等甚至连秘书处都尚未实体化。而由于权力关系安排的特殊性，科技社团的治理机制也展现出相似的特征。

（二）科技社团的治理机制

从默顿学派的科学社会学角度来看，包括科技社团在内的科学共同体有着自身独特的运行机制（徐祥运等，2013），并依照"科学规范"有序运作

（Merton，1979；鲁云鹏、李晓琳，2019），推动治理有效性的实现。

如在监督机制方面，由于科学本身具有公有性质，是直接关系到公众利益的社会活动，而非仅仅是科技工作者的"私事"，这会在科学制度体系内形成一套严格的监督机制。具体包括同行评议、科学的批判精神、普遍主义的标准、怀疑主义的规范等手段（Merton & Norman，1979）。会员在科技社团内进行学术交流、面向公众开展科普互动、同政府与企业开展合作等过程，均需要依照理性、公正与逻辑标准、规则与管理、基本假定等一系列价值判断，进行不断检验与重新认知的状态（Merton，1970），这将在很大程度上降低代理成本，防范道德风险。这种"科学的精神特质"与科学良知、道德规范、组织承诺等天然地构成了科技社团内的监督机制，并从不同方面抵御非理性因素对科学本身的干扰，确保科学目标的实现（Merton & Norman，1979）。当然，除会员内化的自律外，因"精英治理"与科技社团的社会属性逐步演化的声誉机制，也将成为科技社团重要的外部约束机制。从个体层面来看，在重复博弈与网络结构的环境下，学术声誉是科技工作者能否维系自身学术生涯、实现个人长久发展的关键，直接反映着个人在科学共同体内的自我定位，也是外部对个人所作贡献的认可与尊敬，并且越是学术造诣高的科技工作者，对个人的声誉越是珍视（刘尧、余艳辉，2009）。这对于在科技社团中担任要职的权威学者而言，形成了重要的约束机制。组织层面上更是如此，社会组织将声誉视为安身立命的根本价值导向，更是其通过互信等方式获取其他资源的重要手段，也推动着组织内部信息披露制度以及外部信用评级体系等系统的搭建。如当前，民政部依照《社会组织评估管理办法》，每年定期组织开展全国学术类团体范围内信用评级，获得4A级以上荣誉的科技社团可以简化年鉴程序，3A级以上的可优先接受政府职能转移，获取政府购买服务等。

又如，与监督机制相对应的激励机制。虽然科研成果归属于社会共有，科学家本人不能随意占有、使用及支配，但在科学制度体系内却有逐步被认可的"科学发现的优先权"（Merton & Norman，1979）。这是对首先发现该理论或现象的科技工作者所作出的认可与尊重，用于表彰或纪念那些为推动科技进步、增进公共知识积累的科技工作者，这一点也逐渐在科技社团内演变成奖励设置、同行承认这些激励制度。如中国管理现代化研究会所颁发的"中国管理青年奖",便是旨在奖励在管理学领域作出突出贡献的青年工作者。但与公司治理强调物质激励相比,科技社团更注重精神激励。

此外,在沟通与交流机制上,科学的进步仅依靠丰富的思想、开发新的实验、阐述新的问题或创立新的方法是不够的,还需要进行必要的学术讨论与交流,也只有那些能及时被其他科学家有效认同与利用的研究成果才是有价值的(Merton & Norman,1979)。这是科学发展的内在要求,其促使科学共同体通过学术会议、专业期刊、课题申请等方式进行内部同行的评价与交流,并且随着信息沟通方式的进步以及科技社团在社会结构中的中心性作用愈发凸显,科技社团也能通过承接政府职能转移进行资格认证与评估,担任智库,同企业进行项目咨询、产学研合作,利用科普宣传、公益讲座搭建与广大公众沟通的桥梁等。甚至Merton与Norman(1979)认为,科技社团本身便是一种正式的沟通机制。

总体上看,科技社团能够以科学规范为基础,依靠道德规范、同行评议、组织承诺、学术声誉等方式搭建起一整套科学共同体的治理机制,然而很明显,这些机制均表现出非刚性的特征。当然,就连Merton本人也承认,科学规范不可能与社会实践完全相符(Merton & Norman,1979)。特别是进入大科学时代,学术失范、学术不端、逆向选择等负面现象仍旧层出不穷,需要与法律法规(如我国的《慈善法》《社团登记管理条例》等)、正式的第三方监督机构(如美国的公益咨询服务部、慈善信息局等),以及在大陆法系下组织内的监事会制度的设置等一系列具有强制性的问责机制相结合。但这并不能掩饰科技社团治理机制呈现柔性化的主要特征。毕竟除极端情况外,互益类组织绝大多数所采用的是这种软约束机制(王海栗,2008)。

(三)科技社团的治理目标

互益类社会组织治理实质上是对公司治理的延展,而公司治理的目标在于强调满足股东、客户、政府等利益相关者的需求(李维安、郝臣,2015),这就使得互益类社会组织的治理目标归结于协调会员、政府等利益相关者与组织之间的关系(石碧涛,2011),以促进社会组织决策科学化,从而实现社会组织的宗旨(李维安,2013;鲁云鹏,2019)。延循此思路,下文将对科技社团使命或核心职能进行辨析。

以中华医学会为例,作为我国医学科学技术和卫生事业发展的重要力量,中华医学会历经百余年历史不断发展壮大,现已成为"党和政府联系医学科技工作者的桥梁和纽带、中国科协学会之翘楚、全国医学科技工作者之家"。依据中华医学会的组织章程所列,表3.1归纳出了科技社团的主要职能。

表3.1 中华医学会业务范围与职能归纳

业务范围	职能归纳
开展医学学术交流,组织科学考察与重点学术课题探讨等活动,密切学术团体间、学科间的横向协作与联系。	学术交流
编辑出版医学学术、信息、技术、科普等各类期刊、图书资料及电子音像制品。	专业成果
开展继续医学教育,组织会员和医学科技工作者学习业务,不断更新会员和医学科技工作者的医学科技知识与技术业务水平。	教育培训
多形式、多渠道地开展健康教育活动、医学卫生科普宣传,提高群众有关医学卫生的知识水平,增强自我保健的能力。	科普活动
受政府有关部门委托,开展医疗事故技术鉴定与预防接种异常反应鉴定等工作,制定、更新与推广临床诊疗指南、技术操作规范。	技能评定
开展临床应用新技术的论证工作,开展医学科技决策论证,开展医学科技项目的评审工作,提出医药卫生科技的政策和工作方面的建议,为政府科学决策提供支持。	决策咨询
发展与国(境)外医学团体和医学科技工作者的联系与交往,开展与国际、台港澳地区的医学学术交流与合作。	国际交流
宣传、奖励医德高尚、业务精良的医务人员。表彰、奖励在医学科技活动中作出突出贡献的会员以及在学会工作中成绩突出的学会工作人员。	科技奖励
开展学风和医学伦理道德建设工作。	科学规范

可以看出,大科学时代下科技社团主要承担着学术交流、专业成果展示、教育培训、科普活动、技能评定、决策咨询、国际交流、科技奖励以及科学规范这些职能。结合治理主体,对这些职能所反映的具体活动现象可作进一步归纳,即可划分为科学传播与科技服务两类,如科学传播对内部会员则是涉及国内外学术交流、相关专业学术杂志编辑与出版等,对于外部利益相关者而言,如公众涉及科普互动等。而如何有效发挥科技社团的这些职能也正是组织治理目标的集中体现。首先,这一点在国内外知名科技社团的组织宗旨中能得到进一步印证。如英国皇家化学学会,便提倡"始终致力于促进化学科学的发展,传播化学知识,并促进化学应用的活动与创新";中国物理学

会提倡的"促进物理学和有关科学技术的创新和发展";美国光学学会追求的"促进光学和光子学知识的发展与应用,并将这些知识传播到全世界"等。其次,从历史变迁角度出发,早期科技社团关注于为会员提供优质的知识产品,便是在组织内部开展科技传播的具体体现;进入大科学时代,积极协调同政府、企业、公众之间的关系,减少"道德风险"等问题,其最终检验的标准实质上也终将归位于是否能够向这些利益相关者传递有效的知识产品与服务上。这说明,无论时代如何变迁,以科学服务与传播为核心的价值取向是不曾变化的,只不过范围从最初局限于科技工作者或科学系统内部的学术交流,拓展到当前整个社会架构中。一言以蔽之,科技社团的治理目标最终落脚于科技传播与科技服务的有效实现上。

二、科技社团有效治理的重要影响要素

通过以上分析可以发现,科技社团在治理过程中,治理结构表现出虚拟化,治理机制表现出柔性化特征,但这并不意味着其科技传播与科技服务的治理目标的实现效率低下。而是通过会员身份的同质性、社团所搭建的熟人社会网络与集体诉求能力、精英治理等方式,使得信任、合作、权威性、关系网络等良性社会资本大量累积,有效降低交易成本,抑制"道德风险"等行为的产生,弥补这些柔性且复杂的治理结构与治理机制的不足,也维系着科技社团的运作。具体来看:

首先,互益类组织往往具有熟人社会与平等沟通的特征(陈剩勇等,2004)。一方面,科技社团的会员具有较强的同质性,均是由特定领域的科技工作者构成,这使得对于特定学会而言,其绝大部分会员在社会身份、知识结构、兴趣爱好、价值观、对待事物的态度与话题,甚至信仰上都表现出明显的趋同状态,能够有效减少会员之间的沟通障碍,提升彼此间的信任程度。会员之间的趋同性越强,其共同利益便越多,便能弱化虚拟的治理结构所带来的不利影响(张婕、张媛媛,2009)。另一方面,科技社团作为特定领域科技工作者集结在一起的社会组织,能够克服个体利益诉求的松散性,通过社团识别该群体所普遍关心的问题,积极向政府发声,反映会员的建议与意见,

维护会员合法权益。如2015年中国公路学会以书面形式正式向同级或上级党和政府及有关部门反映会员的意见3条，涉及工程造价人员再教育、工程监督技术标准优化等内容，并得到上级领导批示1条。此外，共同利益也是成员间彼此互信与合作的基础（Rademakers，2000），容易形成互惠交换的局部环境，推动着科技社团沟通与交流机制的自然形成，以及相关机制的平滑运作。

其次，会员加入科技社团本身便是一种亲社会行为，具有较明显的合作倾向而非机会主义行为。一方面，科学共同体本身便具有"祛利性"特征（Merton，1970），即并非追求物质利益，往往是以促进学科发展为由，裹挟着科技工作者间的社交联系。如中国金属学会、中国药学会、中国化工学会等在学会宗旨中均不约而同地提及"成为科技工作者之间的桥梁与纽带"。科技社团天然地形成了因物质利益冲突而极易导致成员之间产生囚徒困境的屏障。另一方面，科技社团本身便是会员各类信息的"汇集池"，其中包含着个人诚信信息与历史表现，这极大地约束了其机会主义行为的产生，稳定的关系网络结构也使得重复博弈成为可能，促使科技社团监督与沟通机制的优化。

再次，科技社团具有明显的"精英治理"特征与"马太效应"（朱喆，2016）。本研究领域内学术带头人的学术能力与资源、决策能力、同政府之间的关系等各类资本，往往会对学会发展产生重要影响，特别是该科技社团正处于起步阶段，个体的知名度将直接"粘连"到组织上，使得这一作用更为突出（Tracey et al.，2011）。在科学界"马太效应"的催化下，科技社团本身又可以进一步放大这些学术精英的学术影响力与号召力，吸引更多的资源，使得个体与组织之间形成一种互惠关系。沿着这一脉络，从理性人与经济人角度来看，那些科技工作者加入科技社团，其本身并非像公司那样直接获得预期的物质收益，而是借由科技社团这个交流平台与信息网络，以及这些学术精英的资本，通过会费出资的方式"购买"更为及时且优质的科技信息与资源、启发科研灵感、寻找科研项目与合作伙伴的机会。其本质在于拓展自身在学术圈内的关系半径，明确与优化其在学术网络内的结构地位，为今后获取更多资本提供基础与可能，可以说具有间接性与战略性特征，这也是科技社团激励机制实现的重要形式。例如，在面向理学、工学、管理学领域的科技工作者开展问卷调查的过程中发现，认为"科技社团理事长具有较深厚的行政资源""科技社团为会员同企业、公众搭建交流与合作平台"这两项重要或非常重要的占比分别达到 72.35% 与 89.07%[1]。

三、科技社团治理有效性的内涵

综合以上分析，本书认为科技社团有效治理是指大科学时代下，科技社团通过累积与优化组织社会资本，来协调会员同各利益相关者间的权、责、利关系，并合理安排虚拟化的治理结构与设置柔性机制，以实现科学技术高效传播与服务这一治理目标。

首先，这一概念重点强调科技社团有效治理的本质特征，是依靠社会资本维系的柔性治理，即社会资本是科技社团治理有效性实现的重要影响要素。其中，科技传播与服务是有效治理目的性的表现形式，而治理结构与机制合理安排则是有效治理的过程性体现。声誉、信任、互惠、同行评议等社会资本通过对该过程的影响，特别是对相关治理机制的影响，最终作用于治理目标的实现。

其次，当前科技社团处于大科学时代背景之下，随着信息技术的发展，各主体间的沟通方式愈发便捷，科技社团也打破相对封闭的状态，从典型的互益性逐渐向兼具公益属性的互益性组织转型。虽然会员仍旧是其核心治理主体，但也需要兼顾其他利益相关者，特别是政府的诉求。而基金会或民办非企业单位所更为关注的经理层与理事会之间典型的委托代理问题（谢晓霞，2015；陈钢，2018），在科技社团内则显次要。除上文分析的要素外，科技社团体量相对较小，组织治理结构呈现网络状，诸多理事长或理事也是兼职，在我国甚至有些秘书长也是兼职等也是重要原因。另外，现代科技社团的社会性与公益性也使得法律与道德给予了公众、媒体等非强制性的监督权。这实际上也在说明，在对科技社团治理有效性的研究过程中，不能忽视

---

[1] 依托中国科学技术协会支持，结合相关课题，基于 2017 年面向理学、工学、管理学等领域的科技工作者随机发放 400 份调查问卷（有效问卷 311 份）的结果计算所得。

政府行政力量的干预、大科学时代下网络技术的发展等现实因素。而提升科技社团治理有效性的作用或目的，从微观角度而言，在于处理与协调各利益相关者之间的关系，满足各利益相关者对于科技社团各项职能实现的需求。从中观角度来讲，则能够提升科技社团的社会影响力，助推整个社会治理目标的实现。

第二节 科技社团治理有效性的指数化

在对科技社团有效治理概念化后,需进一步对该内涵进行指数化处理,以便从定性研究上升到定量分析,在为下文实证研究提供数据支撑的同时,也能够通过数据检验当前我国科技社团治理有效性的整体水平,从而发现其中存在的各类突出问题。

一、科技社团治理有效性指数化研究的侧重点

在实际研究中,关于组织治理有效性的量化,多以两种方式进行。一种是从治理结构、治理机制、治理目标等多角度对组织治理有效性进行全面衡量(南开大学公司治理研究中心公司治理评价课题组,2004),其优点是能够较为全面、准确地反映组织治理质量,但工作量较大且需要较为庞大的科研团队进行支撑。另一种是当前衡量治理有效性较为常用的方法,从治理有效性的显像特征把握,直接利用公司绩效水平指标进行测度(Cheng et al., 2011),即强调结果有效对公司最终价值的提升(Latham,1991;康丽群、刘汉民,2015)。显然该方法直观且较容易操作,但并未对过程有效性等进行全面说明。

事实上,若从字面意义上理解,《辞海》将"有效"定义为"能够实现预期目的",也突出其结果有效的重要性,而无论是过程有效,还是结构有效,最终都需要落实在结果上。早期关于社会组织治理有效性的研究角度较为多样,有强调治理结果的(Sheehan,1996;Spar & Dail,2002),也有从过程有效方面考虑的(Forbes,1998)。但随着研究的不断深入,诸多学者指出,强调治理过程有效往往忽视了利益相关者对社会组织的看法,且构建的多维度衡量指标缺乏可比性与适用性,实践指导性不强(Lowell et al.,2005;Lecy et al.，2012）。因此，考虑到社会组织的属性特征，以及治理有效性的多层次性，当前关于社会组织治理有效性的研究多向"结果有效"进行收敛，并逐步替代传统的治理过程评估（Alexander et al.，2010）。较为典型的观点认为，社会组织治理有效性应采用"结果问责制"来积极回应利益相关者的需求与评价（Shilbury & Moore，2006；Herman & Renz，2008；Packard，2010）。由于理事长或秘书长作为相对闭合网络中的结构洞，掌握信息优势，也被组织授权，其言行反映了组织对利益相关者的承诺（Herman，2010）。对此Mitchell（2013）调查了152位美国的社会组织理事长或秘书长，直接考察他们对组织治理有效性的认知情况，发现超过80%的高层倾向于"治理结果有效"，即能够履行职能与使命来完成对核心利益相关者的组织承诺，实现组织的社会价值。结合可操作性与典型性，本书进行科技社团治理有效性测度时，强调组织治理目标或结果的有效。当然，同营利组织相比，社会组织不能简单地利用财务数据直接反映，因其组织属性的特征其财务基准线普遍较为模糊（薛美琴、马超峰，2017），这便进一步引导我们基于科技社团治理职能的发挥程度或治理目标的完成程度，来探究其治理有效性水平（鲁云鹏，2020；鲁云鹏，2021）。

二、科技社团治理有效性指标体系的构建

（一）科技社团治理有效性所含的具体指标

从治理理论与治理实践的角度上来看，社会组织治理有效性衡量指标的构建，均需要对组织价值进行综合性的考量，从多角度展开分析（Cheng et al.，2011；Mitchell，2013）。而科技社团的组织价值，是以满足会员与其他利益相关者在科技传播与科技服务方面的需求上。根据典型的评估文件、研究成果，表3.2对其中所具体包含的内容进行了归纳。不难看出，无论是全国学会主管行政单位还是相关学者，对科技社团在科技传播方面所包含的具体职能集中于科技工作者间的学术会议交流、专业学术期刊的发表以及针对于公众所展开的科学普及；而对于科技服务方面，则因服务的具体群体不同而种类较多，其焦点可大致归结于科技咨询、资质认定、标准制定等方面。

基于此，本书以民政部颁布的《社会组织评估管理办法》为蓝本，综合当前典型的评估文件与理论研究成果，并考虑到后期指标计量的可行性、数据获取以及调查问卷对象的适宜性等因素，将我国科技社团治理有效性中的科技传播指标，从学术交流、科技期刊以及科普活动三个维度来衡量。而科技服务则以科技咨询、科技评估、科技推广来综合反映。对此，下文也将采用调查问卷的方式，对这些指标的选择作进一步验证与分析。

表3.2 关于科技社团组织治理有效性所含衡量指标的典型研究成果汇总表

代表性研究成果	科技传播	科技服务
民政部颁布的《全国性学术类社团评估指标（绩效部分）》	学术会议、学术书刊、学术研究、网络平台、国际交流	政策建议（参与制定法律法规）、咨询评估（标准制定、专业咨询服务、科研成果评估）
《中国科学技术协会统计年鉴》《中国科协技术协会、学会、协会、研究会统计年鉴》	学术交流、科技期刊、科普活动、加入国际科技组织	科技设施建设、决策咨询、科技评价、反映科技工作者意见、学风道德建设、技术或产品推广
中国科协（2017）	会议开展、专业科技与科普期刊、青少年教育	决策咨询、职业资格认定、技术标准研制、科技培训、技术推广
李建军等（2008）、赵立新（2011）、王春法（2012）、杨红梅（2011；2012）、张思光等（2013）、Fiorenzo（2014）、Jeanne（2017）、鲁云鹏（2020）	学术会议、学术期刊、科学普及	科技评价、教育培训、技术鉴定或标准制定、创新驱动、科技成果转换

（二）科技社团治理有效性所含具体指标的实证检验与分析

从上文关于科技社团本质属性、治理内涵等分析中可知，科技工作者可以说是科技社团提供各项服务与产品最为直接的接收者，也是核心利益相关者之一，科技社团治理目标能否有效实现，在很大程度上依赖于科技工作者对其的认可程度与重视程度（张昕音，2010）。基于此，本书以改进后的KANO模型为基础设计调查问卷，对科技工作者关于我国科技社团治理有效性方面展开调查。

1. 问卷的设计

KANO模型是以双因素理论为框架，主要考量服务对象对组织所提供的产品或服务质量的感知水平与认可程度（Kano，1984），相较于传统简单的满意或不满意而言，KANO模型能够更为精准地判断哪些要素是利益相关者所更为关心的需求，进一步提升资本的利用效率，因此其不仅被广泛地应用于商业组织之中（陈梅梅等，2016），也是社会组织（刘蕾，2015；韦景竹等，2015）、甚至是互益类社会组织用于提升服务有效性的重要分析工具（戴科星，2016）。而本书借鉴该模型，其目的一方面是对于上文中关于治理有效性中所包含的各项指标进行实证检验，另一方面也为下文关于指标权重的赋值提供参考。

在 KANO 模型中，依照服务对象同服务绩效间的非线性关系，将服务质量要素划分为魅力要素（A）、期望要素（O）、必备要素（M）、无差异要素（I）、矛盾要素（Q）以及逆向要素（R）。其中，M 要素代表当组织提供此类服务时，服务对象满意度不会显著提升，但当组织不提供该类服务时，满意度会大幅降低；O 要素则是组织提供的服务超过其期望越多，认可度越高，反之亦然；A 要素则是服务对象并没有过多期待，但一旦提供便会较大幅度提升认可度；Q 要素代表无法确定用户的真实需求。传统的 KANO 量表衡量的判断矩阵，见表 3.3。

表 3.3　传统 KANO 模型的判断矩阵

		不具有该要素				
		十分同意	同意	一般	可以忍受	不能忍受
有该要素	十分同意	Q	A_1	A_2	A_3	O_1
	同意	R	I	I	I	M
	一般	R	I	I	I	M
	可以忍受	R	I	I	I	M
	不能忍受	R	R	R	R	Q

资料来源：孟庆亮，卞玲玲，何林，等. 整合 KANO 模型与 IPA 分析的快递服务质量探测方法 [J]. 工业工程与管理，2014（2）：75-80.

但需要指出的是传统 KANO 模型忽略了对应不同要素下，结果相同间的差异。这不仅会把诸如 A_1、A_2、A_3 均看成是魅力型要素，同样也会造成大概率出现无差异要素 I，而过少地出现必备质量要素。事实上，对于 A_1、A_2、A_3 而言，其影响程度是不同的，若以 A_2 为魅力质量要素基准，A_2 会受到 O_1 的影响，是部分趋近于 O_1 的，因此并不是绝对的魅力质量要素，而是部分趋向于期望要素，部分趋近于魅力要素的，其他的也是类似的情况（孟庆亮等，

2014)。因此，本书采用 Lee（2011）、孟庆亮等（2014）学者关于 KANO 模型的改进，考虑相关要素的分类与影响，具体判断矩阵见表 3.4。除 Q 以外，其他均为标准的判断要素，而 Q 的具体属性，则需要依照影响程度进行进一步分析。

表 3.4 改进后的 KANO 模型的判断矩阵

		不具有该要素				
		十分同意	同意	无所谓	可以忍受	不能忍受
有该要素	十分同意	I_1	Q	A	Q	O
	同意	Q	Q	Q	Q	Q
	无所谓	Q	Q	I_2	Q	M
	可以忍受	Q	Q	Q	Q	Q
	不能忍受	R	Q	Q	Q	I_3

资料来源：孟庆亮，卞玲玲，何林，等. 整合 KANO 模型与 IPA 分析的快递服务质量探测方法 [J]. 工业工程与管理，2014（2）：75-80.

其判断标准利用公式（3.1）所得的相似度 $S_{NJ}(CJ_i)$ 进行计算，其中 $f_{NJ}(CJ_i)$ 表示该非标准属性 NJ 的第 i 个临近标准属性的数；$d(NJ,CJ_i)$ 表示该非标准属性 NJ 与它的第 i 个临近标准属性的距离。为了便于实际应用，相似度较小的可以忽略，只计算邻近的标准属性相似度，与给定非标准属性距离较远的标准属性的相似度可以忽略不计。

$$S_{NJ}(CJ_i) = \frac{f_{NJ}(CJ_i)/d(NJ,CJ_i)}{\sum_i f_{NJ}(CJ_i)/d(NJ,CJ_i)} \tag{3.1}$$

根据以上公式，计算出属性分类表中所有元素的相似度，得到改进后的 KANO 模型评价体系。根据评价体系中的相似度，构建五种要素属性数量的计算方程为（3.2）。其中 $f(j)$ 表示表 3.4 中某一属性 j 的数量；$S_j(X)$ 指该属性与邻近标准属性 X 的相似。

$$F(X) = \sum_{\forall j}[f(j) \times S_j(X)] \tag{3.2}$$

调查问卷进行问卷设计时，也因此采用正反两方面的问题进行测度，其中关于学术会议问题设置上，分为国内会议与国际会议两类，其他内容均依照科技社团治理有效性衡量维度展开。具体问题设置见表 3.5。

表 3.5 调查问卷问题设计的示例

	十分同意	同意	无所谓	可以忍受	不能忍受
学会定期开展国际交流会议					
若学会不提供此项服务					

2. 数据搜集与分析

本次调查主要利用相关学会举办学术会议的机会，面向参会的科技工作者现场发放问卷，了解管理学、生物学、物理学等领域的科技工作者对科技社团治理有效性的认可程度，发放数量共计 400 份，回收 329 份，剔除掉 18 份无效样本，共计得到 311 份有效问卷。同时利用 SPSS 软件，对问卷的信度与效度进行检验，得到信度 Cronbach Alpha 值为 0.862，效度 KMO 值为 0.889，均大于 0.8，说明问卷具有较好的信度与效度水平。

再依照改进后的 KANO 模型对问卷进行数据分析，表 3.6 展示了主要的统计量。可以看出，对于科技工作者而言，我国科技社团在提供科技传播的过程中，国内学术会议是其主要期待的服务，而国际交流、社会科普、学术期刊等则是魅力型要素；在科技服务方面，科技工作者更为注重科技社团在资质认定、科技成果推广与转换方面的需求，而技术咨询则是"锦上添花"的要素。综合来看，对于科技工作者而言，科技传播中最为重要的是学术会议，正反向差值为 2.62，而科技服务中，科技工作者更为重视科技社团成果转换与推广能力，正反向差值为 2.15。需要指出的是，在本次该部分问卷结果中，并未出现无差异要素（I）或逆向要素（R），反映出科技工作者的确颇为看重这几方面的内容，证实上文中关于科技社团治理有效性具体衡量指标的构建。但也未出现必备要素（M），这与社团本身自愿性、自发性的参与有关，当然也反映出我国科技社团在科技工作者间总体认知程度并不高，并非其获得科技产品、服务与相关信息的核心来源，治理有效性提升空间较大。

表 3.6 基于改进后 KANO 模型的问卷分析结果

项目	F(A)	F(I)	F(O)	F(M)	F(R)	类型	正项均值	反项均值	差值
学术会议	76.21	30.62	180.76	2.78	0.00	O	4.46	1.84	2.62
国际交流	134.44	38.13	107.93	0.00	0.00	A	4.39	2.11	2.28
科普活动	132.46	49.54	92.01	4.85	0.00	A	4.34	2.18	2.16

(续表)

项目	F(A)	F(I)	F(O)	F(M)	F(R)	类型	正项均值	反项均值	差值
专业期刊	108.26	68.00	96.53	9.03	1.00	A	4.25	2.14	2.11
科技咨询	131.99	58.23	71.98	7.81	0.00	A	4.16	2.26	1.90
成果推广	65.32	83.54	117.75	7.65	1.00	O	4.21	2.06	2.15
资质认定	65.28	90.89	112.04	18.99	1.00	O	4.10	2.10	2.00

资料来源：依调查问卷数据整理而成。

本书针对具有科技社团会员身份的科技工作者（共计71位）进行了单独统计，结果见表3.7。可以看出，对社团会员而言，其对于专业性的科技传播更为重视，包括学术交流会议及专业期刊。事实上，在科技传播方面的整体差异均值（2.31），要大于非会员的科技工作者（2.29），但另一方面，对于面向更为广泛的利益相关者的科技服务，其重视程度相对较弱。

当然，本列表仅为调查问卷的部分内容，在未列入的调查要素中我们也发现一些颇为有趣的结论。如在"理事长是否有政治关联，为学会带来相关社会资本"的选项中，非会员认为是无差异要素（I），而会员则认为是期望要素（O）。这也能进一步反映出，社会资本对加入学会的科技工作者的吸引力与重要性，即社会资本所具备的结构型特征，对于网络范围内的会员来说具有专属性。

表3.7 具有会员身份的调查结果

项目	F(A)	F(I)	F(O)	F(M)	F(R)	类型	正项均值	反项均值	差值
学术会议	14.53	7.89	36.71	1.91	0.00	O	4.55	1.85	2.70
国际交流	31.20	5.95	27.44	2.91	0.00	A	4.51	2.18	2.33
科普活动	34.90	8.14	20.30	1.94	0.00	A	4.37	2.31	2.06
专业期刊	18.12	18.35	26.83	2.32	0.00	O	4.32	2.18	2.14
科技咨询	33.58	18.64	11.20	3.58	0.00	A	4.13	2.41	1.72
成果推广	20.43	20.43	20.65	2.27	0.00	O	4.19	2.25	1.94
资质认定	23.13	17.90	23.38	3.30	0.00	A	4.13	2.30	1.83

资料来源：依调查问卷数据整理而成。

此外，本书还对科技社团治理有效性同社团社会影响力与会员整体满意度进行了相关性分析，具体结果见表3.8。可以看出，科技社团科技传播与科技服务的各项要素，均能够显著正向影响科技社团的社会影响力与会员满意度水平，为其带来了应有的价值回馈。在进一步肯定本书指标选取的同时，也能够凸显提升科技社团治理有效性可以强化会员对科技社团的信任程度，以及提供科技产品与服务的满意度，进而对科技社团的社会影响力、综合服务能力等方面带来积极作用。

表3.8 科技社团治理有效性与科技工作者满意度的相关性

项目	科技社团影响力满意度		科技社团整体满意度	
学术会议	Pearson 相关性	0.2572***	Pearson 相关性	0.2059***
	显著性（双侧）	0.0000	显著性（双侧）	0.0003
国际交流	Pearson 相关性	0.3269***	Pearson 相关性	0.2631***
	显著性（双侧）	0.0000	显著性（双侧）	0.0000
科普活动	Pearson 相关性	0.2714***	Pearson 相关性	0.2395***
	显著性（双侧）	0.0000	显著性（双侧）	0.0000
专业期刊	Pearson 相关性	0.3449***	Pearson 相关性	0.2382***
	显著性（双侧）	0.0000	显著性（双侧）	0.0000
科技咨询	Pearson 相关性	0.2340***	Pearson 相关性	0.2038***
	显著性（双侧）	0.0000	显著性（双侧）	0.0003
成果推广	Pearson 相关性	0.1692***	Pearson 相关性	0.1218**
	显著性（双侧）	0.0028	显著性（双侧）	0.0318
资质认定	Pearson 相关性	0.2154***	Pearson 相关性	0.2258***
	显著性（双侧）	0.0001	显著性（双侧）	0.0001

注：**、*** 分别表示回归结果在5%和1%的水平显著。

资料来源：依调查问卷数据整理而成。

三、科技社团治理有效性指标的衡量

（一）衡量的指标体系

KANO模型本质上仍旧属于定性分析方法（孟庆亮等，2014），能够帮助我们证实上文通过理论梳理所提及的关于科技社团治理有效性具体衡量指标的内容。本部分将结合数据的可获得性等，利用问卷过程中所得到的相关结果，结合层次分析法（AHP）进行指标的权重赋值，对科协主管下的国家级科技社团进行量化衡量。

在充分考虑我国科技社团的发展实情与所处政策、社会环境的条件下，

具体衡量指标侧重于从外部治理结果角度展开，综合考量学会治理有效性特征、相关统计年鉴与相关行政单位的定位、现有典型的理论文献、上文调查问卷的实际结果等资料后，秉承科学性、系统性、可比性、可操作性的原则，具体指标衡量见表3.9。为准确反映科技社团的科技传播能力与社会影响力，本书采用国内会议、境内国际会议参与人数，科普惠及人数，科技期刊印刷量以及学会主办的专业性杂志的综合影响因子进行衡量；而科技服务在采用是否开展科技咨询项目、科技评估活动以及科技成果或服务推广这三项进行测度。这八项三级指标，涵盖了科技社团的主要职能与日常活动，对其完成治理目标具有重要的支撑作用，也涵盖了会员、公众、政府、企业等核心利益相关者。其中绝大部分指标上文均已详细论证，此处不再赘述，而关于专业刊物综合影响因子，其本质上是通过同行间引用来对科技社团所传播的科技信息的创新性或实用性的有效反馈（刘雅娟、王岩，2000），旨在提升本领域研究间学术交流与学科发展。

表3.9 基于治理目标为导向的我国科技社团治理有效性指标衡量体系及说明

一级指标	二级指标	三级指标	指标说明
科技社团治理有效性	科技传播	国内会议参与人数	参与由学会主办或牵头的以学术交流为目的的研讨会、交流会、调研会等形式的人数。
		境内国际会议参与人数	参与由学会主办或牵头，以受国际组织委托的以学术交流为目的，参会代表来自三个或以上国家或地区的研讨会、交流会等形式的人数。
		科普惠及人数	接受由学会主办或牵头，以报告会、广播、网络等形式举办的科普讲座和报告、科普展览等形式的人数。
		专业杂志平均综合影响因子	由学会主办的专业学术性杂志，其判定以中国知网是否收录为标准，且影响因子以知网公布的综合影响因子来计算。
		科技期刊印刷量	由学会主办，具有固定名称、刊号等，以报道科学技术为主的学术/技术期刊数量。
	科技服务	是否有科技决策咨询	为政府、企业等其他利益相关者开展科技项目的咨询活动。
		是否开展科技评估	学会独立开展或牵头对科技活动有关的政策、计划、人才等进行评估。
		是否开展科技成果或服务推广	对当前实用的科技成果、服务面向各类利益相关者进行有效推广或介绍。

（二）权重的确定

在具体指标权重的确定方面，本书借鉴已连续评价 16 年的中国上市公司治理评级体系（南开大学公司治理研究中心公司治理评价课题组，2003），以及中国上市公司绿色治理评价体系、中国慈善基金透明指数打分方法，采用层次分析法（AHP），并结合上文通过调查问卷收集的结果，进行权重打分。

层次分析法是美国运筹学家 Saaty 在 20 世纪 70 年代中期，运用多目标综合评价方法和网络系统理论，提出的一种层次权重决策分析法。该方法将与决策问题有关的元素分解成目标、效果、指标等若干层次结构，运用一定标度对人的主观判断进行量化，逐层检验比较结果的合理性（Saaty，1980）。当前，层次分析法已被广泛地应用于各类组织治理能力或治理绩效评价权重的确定之中（李伟伟，2014；曲国霞，2015）。依层次分析法确定指标的主观权重，主要步骤如下：

首先，构造判断矩阵。利用 1-9 标度法比较因素之间重要性，构造判断矩阵 A。

$$A = (a_{ij})m \times n = \begin{bmatrix} a_{11} & a_{12} & \cdots & a_{1n} \\ a_{21} & a_{22} & \cdots & a_{2n} \\ \vdots & \vdots & & \vdots \\ a_{n1} & a_{n2} & \cdots & a_{mn} \end{bmatrix}$$

其中 a_{ij} 表示 a_i 指标与 a_j 指标两两比较的相对值，且 $a_{ij} > 0$，$a_{ij}=1/a_{ji}$，而 Saaty 的比例标度法赋值见表 3.10。

表 3.10 判断矩阵的标度定义参照表

标度	含义
1	i 与 j 两个元素同等重要
3	i 元素比 j 元素稍微重要
5	i 元素比 j 元素明显重要
7	i 元素比 j 元素十分重要
9	i 元素比 j 元素极端重要
2、4、6、8	上述相邻判断的中间值

资料来源：依照 Saaty 关于比例标度赋值法的规则整理而成。

其次，计算权向量值。将判断矩阵 A 的每一行依照公式（3.3）进行处理

求得 $\overline{w_i}$，$i=1,2,\cdots,n$；随后对 $\overline{w_i}$ 进行归一化，求得各指标权重值 W_i。

$$\overline{w_i} = \sqrt[n]{\prod_{i=1}^{n} a_{ij}} \tag{3.3}$$

最后，进行一致性检验。需计算一致性比例值 CR，当 CR 值小于 0.1 时，则满足一致性检验标准。一致性比例的计算公式为：

$$CR = \frac{CI}{RI} \tag{3.4}$$

其中，CI 为一致性指标，且 $CI=(\lambda_{\max}-n)/(n-1)$；$\lambda_{\max}$ 为判断矩阵 $A=(a_{ij})_{m\times n}$ 的最大特征值，n 为矩阵的阶数；RI 为平均随机一致性指标，具体值见表 3.11。

表 3.11　平均随机一致性指标 RI 值参照表

阶数	1	2	3	4	5	6	7	8	9	10	11
RI	0	0	0.58	0.89	1.12	1.26	1.36	1.41	1.45	1.49	1.52

资料来源：依一致性指标值整理而成。

综合以上内容，通过层次分析法计算出我国科技社团治理有效性评价体系综合权重值 W_i，确定的初始权重与一致性检验汇总表见表 3.12，可以看出各级指标的 CR 均小于 0.1，满足一致性检验，指标权重赋值有效。

表 3.12　依 AHP 法计算指标权重值与一致性检验汇总表

一级指标	二级指标	三级指标	指标权重	综合权重
治理有效性	科技传播 0.6078	国内会议参与人数	0.2569	0.1561
		境内国际会议参与人数	0.1538	0.0935
		科普惠及人数	0.1943	0.1181
		专业杂志平均综合影响因子	0.2355	0.1431
		科技期刊印刷量	0.1595	0.0969
		$CR=0.0037$		
	科技服务 0.3922	是否有科技决策咨询	0.4279	0.1678
		是否开展科技评估	0.3073	0.1205
		是否开展科技成果或服务推广	0.2648	0.1039
	$CR=0$	$CR=0.0047$		

资料来源：依权重赋值结果整理而成。

（三）数据来源

为进一步了解我国科技社团在治理有效性上的综合表现，本书以 2016 年至 2018 年，由中国科学技术协会编制的《中国科学技术协会：学会、协会、研究会统计年鉴》为数据来源，并以中国科协主管的国家一级科技社团为主要研究样本，剔除掉核心指标缺失值，确定每年有效样本量为 191 家，其中理科类 45 家，工科类 71 家，农科类 16 家，医科类 26 家，交叉学科类 33 家，三年共计 573 个观测值。由于各指标量级不同，本书延续采用中国上市公司治理评级体系的相关处理方法（南开大学公司治理研究中心公司治理评价课题组，2003），依数据实际情况设定统一的评价标准，经专家讨论评分后得到样本指标最终评价。

（四）实证检验

表 3.13 为我国科技社团治理有效性描述性统计量表，可以看出 2015—2017 年，我国国家一级学会平均治理有效性水平为 55.35，其中科技传播能力为 62.69，而科技服务能力仅为 37.74。反映出我国科技社团治理有效性的总体水平一般，科技传播能力相对较好，但在服务于更为广泛的利益相关者方面，则明显较弱。从标准差与极差角度来看，学会之间也存在明显的分化现象。

表 3.13 2015—2017 年我国科技社团治理有效性描述性统计量表

项目	平均值	中位数	标准差	极差	最小值	极大值
治理有效性得分	55.35	53.14	17.65	77.83	22.17	100.00
科技传播得分	62.69	60.24	19.47	76.92	23.08	100.00
科技服务得分	37.74	32.29	21.72	80.00	20.00	100.00

资料来源：依评价结果整理而成。

为进一步检验该分化现象，我们依照中国科协学科类别的分类方法，将科技社团分为理科、工科、农科、医科与交叉学科五类，其治理有效性得分统计量表见表 3.14。可以看到医科类总体平均得分最高达到 63.77，其次是农科类、工科类、理科类，而交叉学科类整体表现不佳，仅为 42.75。从极值方面来看，各方面表现最好的来自工科类学会，然后依次是理科类、农科类、医科类、交叉学科类。总体来看，医科类在治理有效性方面，虽并未有特别突出的学会，但整体水平较好，而治理有效性表现最好的单个学会在工科类；交叉类学科则在各方面上表现欠佳，亟须下大力进行治理优化。

表3.14　2015—2017年依学科类别我国科技社团治理有效性平均水平统计量表

类别	数量	比例（%）	平均值	中位数	标准差	极差	最小值	极大值
理科类	45	22.56	54.51	53.71	16.13	74.20	23.63	97.83
工科类	71	37.17	57.81	54.94	18.07	73.05	26.95	100.00
农科类	16	8.38	59.11	60.93	18.46	70.89	23.32	94.21
医科类	26	13.61	63.77	66.99	16.16	63.65	29.12	92.77
交叉学科类	33	17.28	42.75	40.51	12.22	57.00	22.17	79.17
合计	191	100	55.35	53.14	17.65	77.83	22.17	100.00

资料来源：依评价结果整理而成。

依照科技社团总部所属区域是否坐落在北京进行划分统计，具体结果见表3.15。可以看出，当前科协下属的我国一级科技社团，有89.53%的总部坐落在北京，仅有10.47%的坐落在其他地区，且集中在上海、南京、天津等大型城市中。而在治理有效性及其各项得分中，我们也能看到鲜明对比，即总部归属地在北京的科技社团治理有效性平均水平（56.26）明显高于其他地区（47.53），且差距颇为明显，并且反映到科技传播与科技服务各方面。即坐落于北京地区的科技社团科技传播平均能力为63.37，科技服务能力为38.41，分别高出非北京地区科技社团9.35与6.46。可以看出，地区差异现象明显，进一步强化非北京地区科技社团治理有效性，也将是科协系统进行治理改革的突破口之一。

表3.15　2015—2017年依地区划分我国科技社团治理有效性平均水平统计量表

地区	数量	占比（%）	治理有效性得分	科技传播得分	科技服务得分
北京	171	89.53	56.26	63.37	38.41
非北京地区	20	10.47	47.53	54.02	31.95
合计	191	100	55.35	62.69	37.74

资料来源：依评价结果整理而成。

表3.16显示2015—2017年，我国科技社团在治理有效性方面的得分情况。总体呈现波动趋势，2015年治理有效性平均值为55.49，2016年则有一定回落为54.72，2017年则又反弹到55.84。而从两项分指标来看，主要面向科技工作者与公众的科技传播能力，得分在逐年上升，2017年达到了近三年新高为64.28；但与之相反的是，在科技服务方面则呈现逐年下降的趋势。进

一步分析来看，科技服务方面主要衡量的是科技社团在承接政府职能转移、提升自身自主性与专业性，以服务公众、企业等方面的治理能力，而指标值逐年下降不得不引起我们的注意。从政策角度分析，2015 年是我国《政府购买服务管理办法（暂行）》正式实施之年，包括科技社团在内的社会组织，掀起承接政府职能转移之潮，"政社关系"（陈建国，2015）、"政府购买"（孙发锋，2015）等也成为该时段研究的热议问题；与此同时，2015 年也是我国社会组织逐步实施"脱钩"的开局之年，特别是互益类组织的另一代表——商业协会，基本在该年构建起完整的"脱钩"制度体系，密集性出台了《行业协会商会与行政机关脱钩总体方案》《关于行业协会商会脱钩有关经费支持方式改革的通知（试行）》《财政部关于加强行业协会商会与行政机关脱钩有关国有资产管理的意见（试行）》等一系列文件。但近两年，政府在这一方面的政策支持、配套服务设施等明显下降，在很大程度上也影响到科技社团改革的积极性。当然，这在本质上反映出，包括我国科技社团在内的社会组织，摆脱行政化治理的内部动力不足，政策效应与行政力量干预组织治理行为仍旧颇为明显，需进一步探索适合我国社会组织治理改革的路线，以提升治理有效性水平。

表 3.16　2015—2017 年依年份划分我国科技社团治理有效性平均水平统计量表

年份	治理有效性得分	科技传播得分	科技服务得分
2017 年	55.84	64.28	35.57
2016 年	54.72	62.05	37.12
2015 年	55.49	61.73	40.52

资料来源：依评价结果整理而成。

本 章 小 结

本章追本溯源，将科技社团置于具体的时代背景下，对科技社团治理有效性进行概念化与指数化。其中第一节是关于科技社团治理有效性概念化的论述，依照"治理结构—治理机制—治理目标"的研究范式展开，并主要从科技社团治理的特殊性角度切入，强调科技社团治理有效性是指：大科学时代下，科技社团通过累积与优化组织社会资本，来协调会员同各利益相关者间的权、责、利关系，并合理安排虚拟化的治理结构与设置柔性机制，以实现科学技术高效传播与服务这一治理目标。而社会资本是影响科技社团治理有效性提升的重要影响要素。

第二节是在科技社团治理有效性概念化的基础上进行指标量化。本书以科学性、客观性、可操作性为原则，在测量过程中强调治理结果的有效性，主要从科技传播与科技服务两大维度、八项分指标开发衡量量表，并通过调查问卷的方式，结合 KANO 模型对此进行了检验。在此基础上，本书利用调查问卷结果与典型文献，以《社会组织评估管理办法》为参照蓝本，综合南开大学公司治理研究中心公司治理评价课题组进行测评的方法，对我国科技社团治理有效性进行综合衡量。本节研究是将科技社团治理有效性从定性研究上升到定量分析，在为下文实证研究提供数据支撑的同时，也能够通过数据检验当前我国科技社团治理有效性的整体水平，从而诊断出其中存在的各类突出问题。

总体来看，我国科技社团治理有效性整体水平并不高，那么如何提升这些治理有效性？从内涵界定上来看，则需从社会资本这一重要影响要素寻找答案。因此，第四章将更为详细地论证社会资本如何发挥其治理作用，影响科技社团治理机制，第五章与第六章借助本章对治理有效性的量化结果，对相关内容作进一步实证检验，以期为我国科技社团治理有效性的提升寻找到具体突破口。

第四章

社会资本对科技社团治理有效性影响的理论分析

第一节 社会资本对科技社团治理有效性影响的制度背景

近几年来，我国以信用体系构建为核心，相继出台了一系列的法律法规，为在社会组织内有效积累社会资本存量，优化社会资本质量，给予相应的政策性支持。表4.1汇总了近些年我国关于在社会组织内完善社会资本构建的主要法律法规。可以明显看出，自党的十八大以来，为推进"放管服"改革，实现行政监管、组织自律与社会监督有效结合，在社会组织内构建诚信体系，加强行业自律与职业道德精神等，已成为当前我国在社会组织领域制度供给的重要组成部分。特别是近五年，其构建频率明显加快，成为我国社会组织治理能力提升、社会诚信体系完善的重要突破点。

从内容上来看，首先，将社会组织的诚信、自律、职业道德等社会资本纳入社会组织治理效率考量的标准，并同税收优惠、承接政府职能转移以及购买服务、获取政府资金支持与扶持相挂钩，实现社会资本向物质资本转移，直接体现出社会资本所起到的催化剂与转换器的作用（Pierre，1992）。如《关于改革社会组织管理制度促进社会组织健康有序发展的意见》《关于对慈善捐赠领域相关主体实施守信联合激励和失信联合惩戒的合作备忘录》《社会组织信用信息管理办法》等相关政策便明确提出，民政部需加强同公安部、发改委、财政部等部门的协同联动，以年报、行政检查、行政处罚等信息构成的信用信息体系为标准，完善社会组织诚信激励制度；利用"异常名录"与"黑名单"的治理措施，对严重失信的社会组织行为进行分级界定，并依据情节严重程度采取行政处罚、罚款、撤销登记书等具体惩罚措施。

当然，为社会组织营造良好的社会资本环境，还需要在归口管理、登记体系、网络平台搭建、信息共享等行政与技术方面给予规范且统一支持。由于大科学时代，网络技术的迅猛发展，"小世界"、无标度、偏好链接以及社团本身的出现，使得成员间社会联络与特定群体规范呈现多元、复杂与交叉发展态势，亟须相关规范对其进行耦合与协调（范如国，2014），拓展社会资本的应用半径与打破小群体的封闭性。当然，信息化本身也为社会组织信息共享、信用平台开发、信用数据回传等提供了技术可能，突破了狭义上社会资本的结构性、等级性，也降低了信息交流与交易的成本（李文钊、蔡长昆，2012）。这集中体现在《关于已登记管理的社会组织统一社会信用代码处理方式的通知》《关于加强网信领域社会组织建设的通知》《关于实行行政审批中公民、企事业单位和社会组织基本信息共享的通知》等法律法规上。在社会组织领域中，初步搭建起数据库开发与构建、信用代码认定与数据回传、信用信息查询与共享等较为完整的培育社会资本的行政与技术服务体系。

除信用领域外，关于社会组织行业自律、职业道德等类型的社会资本，也正式纳入相关制度体系的构建中。诸如《社会工作者职业道德指引》《关于推进行业协会商会诚信自律建设工作的意见》等，通过档案与数据库建设、第三方信用评级、上下游产业链信息共享等方式，引导互益类社会组织健全行业自律规约、制定职业道德准则、规范发展秩序。从横向与纵向两个方面，提升其在社会公众、行业领域内的声誉与可信度，削弱同行组织间的利益冲突，为寻求合作与互惠共赢提供最大公约数，也进一步强化公众对该社会组织在社会网络结构中所起作用的认同，引导政府对社会组织治理方式的转变（孙兰英等，2014）。

此外，我国近些年也出台了一系列针对科技社团治理改革、社会资本构建的法律法规及相关政策，涉及《关于加强文化领域行业组织建设的指导意见》《关于社会智库健康发展的若干意见》《中共中央关于加强和改进党的群团工作的意见》《科协系统深化改革实施方案》《中国科协全国学会组织通则（试行）》等文件。虽侧重点各有不同，但均不约而同地涉及推进科学文化行业自律与诚信建设，并依据组织属性与行业特征，细化与明确了相关要求：优化科技社团内部治理的制度构建，将诚信自律纳入行业组织规章，制定诚信公约及其失信惩戒机制；制定具有科学文化特色的行规行约，把牢引导职能，规范会员及其相关单位和从业人员行为，强化道德调节作用，激励向上向善的行为；在组织内或行业中，探索道德委员会在治理结构中的作用发挥，并推动网络文化空间的治理行为；强化沟通机制与渠道的有效建立，强调组织内自律与自我管理，明确自身的使命感与责任感等。这样一整套关于构建社会资本体系的制度设计，从侧面反映出社会资本对科技社团及其治理的重要价值。

表 4.1　近五年我国关于在社会组织内完善社会资本构建的主要法律法规汇总表

时间	颁发部门	文件名称	相关内容
2016 年	全国人民代表大会	《慈善法》	第九十五条：应当建立慈善组织及其负责人信用记录制度；第九十六条：慈善行业组织应当建立健全行业规范，加强行业自律。
2016 年	中共中央办公厅、国务院办公厅	《关于改革社会组织管理制度促进社会组织健康有序发展的意见》	建立社会组织"异常名录"，将社会组织的实际表现情况与社会组织享受税收优惠、承接政府转移职能和购买服务等挂钩。
2017 年	中央编办、国家发展改革委、公安部、民政部、工商总局	《关于实行行政审批中公民、企事业单位和社会组织基本信息共享的通知》	提出了信息共享的内容、步骤、接入与查询方式、落实要求等内容。
2017 年	民政部、中央宣传部、中央组织部、外交部、公安部、财政部、人力资源和社会保障部、国家新闻出版广电总局	《关于社会智库健康发展的若干意见》	明确社会智库的举办力量、指导思想、登记与监督、业务活动、信息公开、筹资渠道等。
2018 年	民政部	《社会组织信用信息管理办法》	涉及社会信用体系建设、所含内容与披露信息、登记机关、失信处罚、业务主管部门职责等内容。
2018 年	国家发展改革委等	《关于对慈善捐赠领域相关主体实施守信联合激励和失信联合惩戒的合作备忘录》	关于信息共享与联合激励、联合惩戒实施方式、激励措施与对象、动态管理、失信惩戒的对象与措施等。
2021 年	中国科协、民政部	《关于进一步推动中国科协学会创新发展的意见》	提倡负责任的研究，建设诚信自律机构和工作机制，严守科研伦理规范，建立科技工作者学术信用体系等。

数据来源：依照全国社会组织政务服务平台——法律法规数据库整理而成。

事实上，若从社会资本理论角度出发，这些法律法规本身便是社会资本的重要表现形式。它包含着广义范围内人们的义务、权利、权威关系、期望等内容（Coleman, 1988），是多方博弈后"实际进行方式的共有信念"（Aoki, 2003）。我国在逐步完善包含科技社团在内的社会组织制度体系构建的同时，也正是广义范围内社会资本不断积累与优化的过程，为在该网络结构下的亚组织提供行为规范、互惠合作意识、共同语言上的有效指引，进而为科技社团治理有效性的提升创造良好的制度环境。

第二节 社会资本对科技社团治理有效性影响的理论分析

社会资本对组织治理有效性的影响是一个复杂动态的过程,会随着制度环境、组织成熟度的不同而有所差异(康丽群、刘汉民,2015),因此下文将综合利用社会资本理论与资源依赖理论对其作用机理进行重点解释。

一、社会资本理论

(一)社会资本理论的一般治理性作用

社会资本理论源于社会学,近些年广泛应用于治理学领域,诸如传统的商业组织治理(Sundaramurthy,2014;康丽群、刘汉民,2015)、商业协会治理(Schneide,2009;罗家德等,2013)、公共领域治理(Guiso,2011;王杨等,2015)等。由于社会资本概念的界定与分类的复杂性,其对治理有效性的研究则成为学者关注的热点问题(Smith,2002;石碧涛、张捷,2011)。通常,社会资本既是一种关系网络结构,也是个体与群体从嵌入型的社会关系网络中提升治理有效性或获得回报的动态投资过程(Chung & Labinaca,2004)。如前文所提及的具有熟人社会特征的科技社团,本身便是由具有高度同质性的科技工作者及其相互关系所构成的一种网络结构,是社会资本重要的载体与表现形式。

一般而言,社会资本具有多方面的积极作用。对于Bourdieu而言,社会资本是从文化资本中剥离出来的,作为一种被制度化了的相互默认与认可关系的持久网络,能够灵活地反映多样化的规章制度甚至个人态度,使得社会行动和利益交往无法随心所欲的进行,而是要受到各利益相关者的检验、评判和校正，从而化解社会矛盾和解决社会冲突（Bourdieu，1986）。并且，相较于文化资本或物质资本，社会资本不能独立于其他资本形式的存在，也不能还原成另两种资本中的任何一种，但社会资本却有着催化作用，促使其他形式的资本产生更大效益（Pierre & Loic，1992；燕继荣，2006）。而从当前研究的主流角度——社会网络出发，公民参与的网络往往会孕育出一般性交流的固定准则，推动信任与集体规范等社会资本的产生，这种类型的网络有利于协调和交流，扩大内部成员的声誉（Putnam，2001），使得社会资本能够有效提供内部成员信息，确认个体身份，减少结社成本，既发挥着推动社会网络和谐构建的黏合剂作用（Putnam，1993），也有利于解决集体行动的困境，实现个体间的有效合作（Putnam，2001；Guiso et al.，2011；庄玉梅，2015；Rik，2018），成为推动社会经济发展的重要资本（燕继荣，2006；Arregle et al.，2007）。若细化研究视角，将社会资本置于组织内，结合契约理论与组织理论，社会资本在源于个体间互动关系的同时也给予个体工作的信任环境，促进个体理性地将自我利益融入并服从于群体或组织的长期利益，因而可以作为激励监督机制或正式契约的补充，以及层级结构与领导关系的替代物（Leana & Van，1999）。而从组织间角度来看，社会资本有利于组织积极面对外部环境的不确定性，并促进组织获取异质性资源的能力，整合信息的流动，实现组织内外部知识的共享与整合，提升知识传播速度（Zander & Kogut，1995）。此外，王杨等（2015）学者还认为，社会资本是公共事务善治的重要社会资源，是公共精神的核心体现，其存量的缺失正是当前我国社会治理转型过程中矛盾频发的根源所在。

当然，社会资本的作用也并非都是积极的，即使是掀起社会资本研究热潮的 Putnam 也承认，对于集体行动以及公民生活而言，并不是所有的社会资本均是好事（Delis & Mario，2007），有些社会网络结构中存在丰富的社会资本群体，但仍旧存在贫穷、冲突与腐败等发展滞后的现象（Deepa，2004）。这主要是由于在该类型的社会结构中，个体目标和利益的双重性会使其本身冻结对自己同外部交流的机制，排斥其他群体，从而在组织内出现我们所熟悉的"小集团"和"派系"，导致病态的社会资本以及"公地悲剧"（Ibarra et al.，2005）。从这一角度来看，社会资本并非始终有助于推动落后地区发展、减少贫困和促进社区治理有效性提升,其决定性因素在于社会资本的质而非社会资本的量(Stewart,2007)。

总体来看,社会资本无论是在社会规范,还是网络结构中,通过制度、权威、信任、声誉等形式或机制,能够强化系统结构内成员间的沟通,减少机会主义行为,降低彼此间的交易成本,提升治理有效性,推动社会治理转型。当然,若社会资本相对封闭,也容易产生"裙带关系",造成社会腐败现象的发生,即正负形式的作用均是存在的。

(二)社会资本影响科技社团治理有效性的机制分析

1. 约束与惩罚机制

通常以结构维度与认知维度来刻画社会资本(Norman,2000)。从结构型社会资本角度来看,在其所搭建的网络结构内,信任半径与声誉往往也会借助所在结构发挥重要的约束与监督作用。Gambetta(1988)认为信任主要包含两个重要属性:其一是双方能够因日常联系与互动产生信赖的心理预期;其二是基于可选择的合作伙伴,如对于有风险的事情而言,甲选择乙而非丙,便是基于对乙的更加信任。科技社团的存在,为相同领域的科技工作者间关系的彼此重叠提供可能,即科技社团营造出一个"熟人社会",一方面提供成员间彼此熟识的机会,使他们更容易产生彼此信赖的心理预期,另一方面凭借组织声誉与权威性往往会成为其成员更为信赖与依靠的对象,当组织内成员间存在矛盾时,可以以组织整体或个体的方式进行裁决,维护组织内的良性社会资本。如共同处于A科技社团的甲与乙共同承接了政府职能转移的评价工作,但在合作过程中,如果甲出现机会主义行为,或出现损害乙的利益等行为,则乙可通过双方都熟悉的丙(可以是科技社团本身也可以是社团内的某一个体)来进行裁决,这时丙的裁决可以影响到甲在该"熟人社会"内的声誉;当然,如果丙主持不公,乙也会在"熟人社会"内作出不利于丙的评价。这就使得成员间在日常合作与交往过程中也能够形成相互监督,甚至能够突破单个科技社团的组织界限,正面影响其成员在社会其他结构体系中的合作行为表现,这也正是科技社团正外部性的体现。

在认知型社会资本维度上,群体内关系的强弱、性质与来源等因素,又会对组织成员间的合作、交流的意愿产生重要影响(Coleman,1990)。具有共同记忆的组织成员，往往会更加认同与共享相同的规范、制度与共有信念（Nahapiet & Ghoshal，1998；Uphoff，2000），而将这一规范、制度"嵌入"到集体结构中，"负筛选激励"的机制便会发生作用。这是由于在集体中违反规范不合作的行为，往往会引起结构中其他成员的注意与谴责，人们出于对该行为的压力，往往会采用合作行为，并且这一机制在相对封闭的结构中表现得更为明显。对此，Aoki 通过对德川时期日本村庄灌溉系统的研究，作出了更为深入的分析。Aoki（2003）指出，灌溉系统是需要村民集体维护的，但很明显灌溉系统具有公共物品属性，为了使村民能够遵守维护合约，当地采用"村八分"的制度，即"成为一个80%的村庄成员"。当有成员偷懒违反村中的规范，那么其他村民便将其驱逐出未来的各项社会活动，包括拒绝提供紧急帮助、禁止参与宗教仪式等。这种特定领域内的"社会驱逐"，会形成一种可信的威胁感，逆向激励每个成员遵守彼此认同的社会规范。如科学共同体内，科技工作者所普遍遵循的"科学规范"，并非像公司领域中股东在学历背景与专业、价值观、职业等存在高度异质性，除法律法规或一般性道德约束外，难以形成具有行业特征且被各类股东高度认可的隐性约束机制。其中，最为典型的例子便是对学术不端行为的处罚，如近期发生的南京大学"404教授"，因多篇文章存在抄袭、一稿多投等现象，被强制调离科研岗位，取消中国行政管理学会会员资格。但很明显，这并不会影响她作为上市公司的股东等资格。

2. 信息披露机制

信息披露的目的是减少信息不对称，使得科技社团利益相关者能够最大限度地获取组织内部真实且有效的信息，减少治理风险与资源的浪费等。一般而言，信息披露有三种途径：一是通过法律法规进行强制性的公开信息披露；二是组织从社会形象、责任感角度出发，进行自愿性信息披露，如公司领域的环保信息披露等；三是通过私人关系进行的私下信息披露。但相较而言，在当前的制度环境下前两种的信息披露途径并非绝对的主流。如我国虽在《社会团体登记管理条例》第三十九条至第四十二条中，对信息公开作出了明确规定，要求包括科技社团在内的各类社会团体，应当向社会公开登记事项、评估、表彰、处罚、负责人等基本信息；而对于上一年度的工作报告则仅要求向业务主管机关汇报。这使得包括普通会员在内的广大利益相关者，很难接触到学会运行活动与财务状况等关键性指标信息，像是科协主管的211家全国学会中，仅有诸如中国药学会等极个别的社团会在公开渠道发布较为规范的年报。更为有趣的是，虽然组织内的理事会与经理层能够有机会接触到这些信息，但是其获取信息的主要途径却仍旧是依靠私人信息披露。这便使得依靠社会资本维持的第三种途径变得愈发重要。

社会资本对于信息披露机制而言，可以通过熟人间的关系网络或所形成的"熟人社会"有效且及时传递相关信息，降低信息搜集成本，从而降低强制性信息披露与私人信息披露之间的信息差距（康丽群、刘汉民，2015）。同样，这一关系网络在重复博弈的过程中，关系主体也能够通过观察科技社团的实际行为来验证其所获得的信息是否真实可靠，若能够言行一致，则可以为持续保持合作奠定信任基础，这也使得利用社会资本推动信息披露机制变得有效。若无效，则会进一步引致约束与惩罚机制。从这一点来看，社会资本对于科技社团信息披露机制的影响，需要综合利用多种机制协同实现。

3. 决策机制

肇始于默顿科学社会学，在科学共同体内，由于科技工作者所处的科研环境、个人科研能力、机遇等因素的差异，加之科技奖励制度的普遍存在，使得优质资源往往会优先向领域内的知名学者流动，特别是在马太效应的催化下，这一现象愈发明显，在科学共同体内形成明显的分层效应（Merton，1979）。这就造成知名学者与普通科技工作者，虽共同加入同一科技社团内，其行为表现往往会有很大差异。这里我们引入智猪博弈这一分析工具对此进行解释。

心理学家Baldwein与Meese（1979）曾做了一个有趣的实验：在猪圈里放入一大一小两只猪，另有一个投食口和一个踏板，当踏板踩下去的时候，另一端的投食口便会落下食物。如果小猪踩下去，大猪由于在体力、速度上占优，会在小猪跑到食槽前将食物都吃光；而若大猪踩下去，那么大猪在小猪吃光前仍能够抢到一半的食物；如果两只猪同时踩踏板，大猪仍旧较小猪吃得多，最终形成大猪出力，而小猪搭便车的结果。随后，这一现象被Rasmusen（1989）引入博弈论中，提出了最初的智猪博弈模型。在科技社团内，那些该领域的知名学者，由于其领域权威性、资源获取能力以及所处的结构地位，通常会处于决策者的角色，形成典型的"精英治理"模式（戴吉明，2014），因此其决策积极性与决策能力关乎科技社团乃至整个学科发展。上文在分析科技社团治理结构特征的过程中曾指出会员大会"形式大于实质"，而有学术精英组成的理事会则是社团真正的决策与权力中心。依照智猪博弈原理，作为组织群体内的"大猪"，其往往有将自己在组织内的职位长久保持下去的强烈意愿（Richard，1991），那么在信息技术高度发达的"熟人社会"中，受声誉机制、会员"一人一票"民主机制、重复博弈，以及自身关于学科发展的使命感、学术追求、依靠科技社团获取更多资源等诸多限制或激励性因素影响，作为理性人其最优策略便是积极履职，提升决策科学性。

但不得不指出的是，科技社团内的学术精英毕竟是少数，大多数"小猪"的最优策略仍旧是"搭便车"，这使得科技社团在决策方面容易陷入"内部人"控制的局面，特别是这些社会资本结构处于较封闭的状态下，这一现象将更为明显。虽不明显存在类似于公司治理中，大股东直接侵占小股东物质性权益现象，但"大猪"们在决策中仍旧具有选择性偏好，会将政策性资源偏向同自身研究领域更为契合或实用型学科中，而忽视新型学科、理论基础研究或与自身发展不直接相关的领域，这便容易导致"病态"社会资本的形成，甚至出现"小团体""派系"等（Ibarra，2005）。这实际上也反映出组织的社会资本并非都能对治理产生积极作用，也可能是阻碍性的（Delis & Mario，2007）。

二、资源依赖理论

（一）资源依赖理论的主要观点

社会资本本身便是一种资源（Coleman，1988），因此解释社会资本对科技社团治理有效性的影响，也需要借助资源依赖理论。资源依赖理论源于20世纪40年代，历经几十年发展，现已成为组织理论的重要分支，也是分析科技社团运营行为的有效理论工具（朱喆，2016）。

首先，资源依赖理论基于以下四个重要假设：（1）组织最为关心的事项是生存；（2）组织需要通过获取内外部环境中的各类资源来维持生存，没有任何组织能实现完全的自给自足；（3）组织需要与其所依赖环境中的各要素发生互动；（4）组织的生存建立在控制与其他组织关系的能力的基础之上（Pfeffer & Salancik，1978）。而组织对资源依赖的程度又主要取决于以下三个因素：一是资源对组织维持生存与运营的重要程度；二是持有资源的群体控制、资源分配与使用的程度；三是资源的可替代程度。而组织之间的依赖关系并非"单向依赖"，往往呈现出"相互依赖"的状态。若彼此间的依赖程度不平衡，且该依赖关系的非对称性无法通过其他资本交换得以弥补，那么满足依赖程度较低一方的要求，则成了确保依赖程度较高一方生存与可持续发展的基本条件（Pfeffer & Salancik，1978）。综合来看，该组织从其他个体或组织中获取的有形或无形资源的稀缺性、可替代性以及重要性决定了该组织对这一特定组织或个体的依赖程度（Baker，1990；颜克高，2012）。

其次，资源依赖理论组织环境观认为，组织所面临的环境系统是开放的，能够对环境或制度变迁作出相应的行为反应，则探究组织所处的环境便是认知其资源依赖行为的一般性前提。Scott（1998）将组织环境划分为四个层次：其一组织丛，依照组织的立场审视组织环境与制度，通过各类资源或资本的流动所造成的影响，来分析该组织的生存策略；其二组织种群，具有相似特性的组织结合在一起形成的群体，主要关注于同类组织间的合作与竞争，如社会组织大类中基金会、社团、民办非企业单位等；其三组织间群落，这一层次中的组织不再作为单一组织单位，而是重视组织间所搭建的关系网；其四组织领域，聚集在统一场域的组织拥有公认的制度，具有彼此认可的文化与制度准则，组织间的联系也并非直接的。

事实上，通过对资源依赖理论的基本观点进行分析，给予本书两点重要的启示，一方面，对于组织治理行为的分析不能离开特定的制度环境或宏观背景；另一方面，组织可以通过调动或激活内部各类资本，提升组织治理行为效率，来削弱对外部特定主体的依赖程度，从而提升组织的自主性。即从内外部角度切入，能够对社会资本这一特定的资源类型如何影响科技社团治理有效性进行解释。

（二）资源依赖理论在社会资本影响科技社团治理有效性中的应用

组织社会资本往往可分别从内外部两个层次分析，外部社会资本是组织在社会层面获得的资源，内部社会资本则体现组织的集体性特征（庄玉梅，2015）。结合科技社团治理有效性内涵，从资源依赖角度来看，外部社会资本着重体现在政府与科技社团之间的资源关系；内部社会资本则往往通过资源的获取渠道突破体制性障碍，通过激励机制来影响科技社团治理有效性。

从一般意义上来讲，社会组织同政府之间的资源关系多体现在公共场域内的功能互补上，倡导构建一种互信协作的"伙伴关系"。但Jennifer（2002）指出，现实中"伙伴关系"更多表现出组织认同与依赖关系两个维度。组织认同是归属于核心价值上的一致性程度，而依赖关系则是在资本、决策与责任分享上的关联性，因此该"伙伴关系"可进一步区分为合同型、延展型与吸纳型三类。当前我国社会组织同政府之间表现出较强的吸纳型关系，诸如"行政吸纳"（康晓光，2007）、"体制性吸纳"（尹广文，2016）等相关理论的提出。虽角度与路径不同，但这种吸纳关系的共同点均是"非对称性的"，即我国社会组织普遍较强地依赖于政府的资源或资本配送。社会组织寻求政府支持以扩大其生存与发展空间，在为组织发展提供必备资本的同时，也往往会陷入"资源依赖陷阱"，较少有基于公共服务性质的互动关系（汪锦军，2008）。这种非协调的制度环境，往往会对社会组织实际的治理行为与效率产生制约效果，使得社会组织的形式与运作逻辑明显不一致，究其根源则在于政府社会控制需求与资源获得需求之间的持久张力（田凯，2004）。

当然，这一非对称关系同样作用于我国的科技社团内，并表现在物质、人力资本、社会关系等各类资源对政府的较强依赖之中（杨红梅，2011；徐顽强、朱喆，2015；张婷婷、王志章，2014），是颇为典型的行政型治理模式，也构成我国科技社团治理的基本制度环境。如当前就科协主管的211家全国一级学会而言，仅有71家具有相对独立的办公场所[1]，其他均依靠挂靠单位提供。在该制度环境之中，科技社团的社会资本往往发挥着桥梁性或资源渠道性的作用。首先，具有政治关联的成员加入科技社团组织内，往往会嵌入诸多稀缺资源并形成一种关系资本，成为"体制内"成员。而这种关系社

---

[1] 数据来源：通过访问各学会官方网站、相关统计年鉴等渠道，手工搜集。

会资本与物质资本不同，具有较强的黏性，不易转移与替代（Tracey，2011），可以说是组织社会资本质量的重要体现。其次，对于会员而言，其加入科技社团更为看重的是资源平台，而非仅仅资源本身。特别是对于我国科技社团而言，社团与政府之间存在着密切关联，虽然我国政府当前提倡简政放权与治理转型，并出台诸如《国务院办公厅关于政府向社会力量购买服务的指导意见》等指导性文件，但在政府购买的过程中，存在明显的选择性偏好，相关资源优先倾斜于"体制内的社会组织"（尹广文，2016）。这使得科技工作者入会后，能够打破原有的"体制障碍"，通过学会与政府之间的关系网络，优先获得"体制内"资源或超额收益。由于社会资本本身存在边界性，这是非会员所无法享有的，同样也是仅凭个体力量难以获取或低成本获得的资源（Vives，1990），这便对科技社团激励机制产生重要影响。不得不说，正是由于正式制度的缺失或不健全导致的资源配置的不合理，使得会员更多地依靠社会资本的途径来调节与实现。

综合以上制度与理论分析，图4.1对社会资本如何影响科技社团治理有效性的机制进行了汇总。

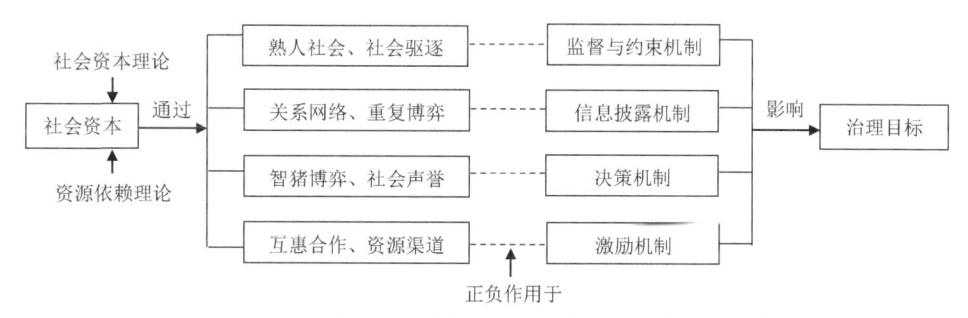

图 4.1 社会资本对科技社团治理有效性的影响机制分析

第三节 科技社团社会资本的内涵、分类与一般性衡量方法

一、科技社团社会资本的内涵

社会资本具有多维性，在不同的社会文化、组织类型等条件下，社会行动者或组织的利益相关者的网络构建方式与彼此的互动模式各有不同（赵雪雁，2012），即便在相同的结构框架、社会情境下，不同研究主体的社会资本也存在一定差异。因此，在社会资本对社团治理有效性的影响研究中，还需要对科技社团社会资本进行界定，以明确考察重点、分析的层次等。

结合上文提及的关于社会资本理论与科技社团有效治理特征，本书将科技社团社会资本界定为：科技社团通过培育所获取的，能够促使特定的网络结构中信任、互惠、合作产生的各类虚拟性资源要素。而对于这一概念的理解，需注意以下几点：第一，科技社团社会资本是需要组织通过培育才能获取的。因社会资本作为稀缺性资源，本身能够创造价值，其获得便需要花费相应的成本与精力（Grootaert & Bastlaer，2002），并且该获取过程，不仅仅包含拓展社会资本的存量，同时也应注重社会资本的质量。第二，社会资本在结构网络中的具体表现形式与种类可以是多种多样的，但均需同信任与互惠关系相联系，或有利于增进成员间的信任与互惠关系，并最终推动成员合作行为、参与意愿（周进国、周爱光，2015），进而提升组织运行效率。第三，科技社团社会资本的表现形式是一种社会网络，这是由科技社团成员因爱好、专业而形成的"熟人社会"，具有较强的结构性，但同样区别于物质资本，其本身具有柔性与虚拟性特征。第四，科技社团社会资本本身也是种资源，这在上文论述资源依赖理论中已经进行了详细阐述，再次强调现阶段在研究科

技社团社会资本过程中不能忽视"资源非对称性"的组织环境。第五，科技社团社会资本的分析层次，显然是落在组织层面，但需要注意的是作为中间层次，应采用综合性的层次分析视角：一方面需要考虑组织内部集体性特征，另一方面也应注意以个体嵌入为核心的组织外部社会资本的影响（庄玉梅，2015；邵安，2016），因为组织间社会资本往往是由组织高层领导外部联结特征来表征（Useem et al.，1997），具体层次分析如图 4.2 所示。

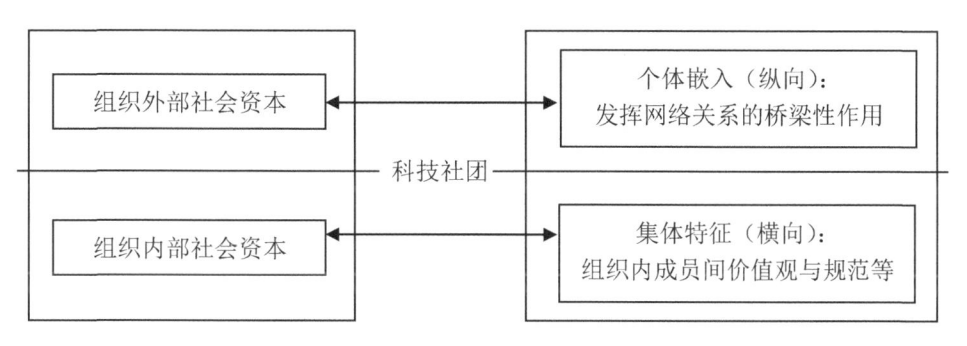

图 4.2 多层次的科技社团社会资本分析视角

二、科技社团社会资本典型的分类方法

正是由于社会资本层次丰富，学者往往会依照不同的研究主体、社会制度背景、数据的可搜集性等因素，将社会资本划分为不同类别。从宏观角度来讲，较为典型的分类方法是依照关系的强弱程度，将社会资本分为结合型、沟通型以及联系型（Gittell & Vidal，1998；Woolcock，1998）。其中结合型社会资本多存在于互动频繁与联系密切的同质群体内部，例如亲友、邻里、相同种族之间的关系，是一种较强的社会关系；与之相反的是沟通型社会资本，其存在于互动匮乏或联系较少的异质性群体之间，如不同经济与社会地位、不同民族或种族之间的关系，是一种较弱的社会关系；联系型社会资本能够搭建起能力与资源不均匀之间的"垂直桥梁"，主要是指水平组织与不同社会阶层或组织之间的横纵向关系。从理论上分析，结合型社会资本虽能够为结构内部的成员带来收益，但由于其内向性，容易带来群体之间的冲突与社会分割；而沟通型社会资本作为联结不同群体的桥梁，会对社会资源与文

化整合和团结起到积极作用（Portes，1998）。但由于不同类型社会资本之间的经验性质不同，沟通型社会资本往往比结合型社会资本衰减得更快（Burt，2002）。

而从上文关于科技社团社会资本多层次分析的视角来看，内外部社会资本首先展现出典型的结构型特征，即组织横向与纵向关系。从纵向关系角度来看，其依靠相对闭合网络中的结构洞或由具有关键性社会资本的个体嵌入在组织内，发挥资源渠道性作用而形成，并依靠彼此的互动、分享、学习相互维持与强化。从横向角度来看，其展现出组织整体特征，如组织规范、价值观、互动程度、组织成分构成等。从科技社团社会资本的层次性角度来看，其包含主要因素，往往可以通过结构型社会资本与认知型社会资本进行较好地归类与解释。具体来看，结构型社会资本是指通过组织规则、程序和惯例所建立起来的社会网络结构和确定的社会角色，可促进信息分享、采取统一的集体行动等；认知型社会资本是指组织所共享的规范、语言、价值观与信任等，促使组织内成员倾向采用互惠行为，提升合作共赢的可能性。并且两类社会资本并非独立存在，而是相互补充与相互促进的，降低交易成本，协同提升组织运行效率（Grootaert & Van，2002）。事实上，这一典型的分类方法也是由于组织社会资本的本质所致，即社会资本是一种与群体成员资格和社会网络相互关联的资源，同样也是以相互认知与认识为基础（Bourdieu，1986），因而被广泛地应用于组织社会资本分类之中（Norman，2000；王霄、胡军，2005）。综合社会资本内涵中层次性角度，以及数据的可获得性、研究的典型性与代表性等因素，下文关于社会资本如何对科技社团治理有效性产生作用的实证研究中，也将采用该分类方法进行深入探索，即将社会资本划分为结构型与认知型，分别探讨其对科技社团治理的影响。

三、科技社团社会资本的衡量方法

从社会资本的多层次性、内涵的丰富性等角度来看，若要较为准确地衡量组织社会资本，需要采用不同指标，系统性、多维度地展开分析，以确保社会资本结构性成分的内在耦合与认知型社会资本的关系辨识。对于社会资本具体的测量方法上，Kaplan（1964）依照衡量对象的不同，将其划分为三类：一是可以直接观察与测量的事物；二是不能直接观察，但可通过间接方式进行观察的事物；三是从理论中产生，无法直接或间接观察的事物。显然，社会资本属于第三类。而对于这一类展开测量，多数需通过理论与文献推演，采用替代变量法进行衡量。在衡量社会资本的过程中，应遵循全面性、可操作性、可比性的原则，其具体又可分为两大步骤，一是进行概念化，即针对社会资本的理论研究相关社会现象，给出一个较为具体与准确的定义；二是操作化，即依照该定义建立起一整套具体的程序和指标来说明这一测度的过程（风笑天，2001）。

对于组织的社会资本而言，由于其兼具组织成员个体所具有的结构嵌入性、资源获取性，以及作为整体所关注的组织认同与信任的特征（兰华、付爱兰，2011），使得关于组织社会资本的衡量也同样需要考虑微观与宏观层次的测度方法。此外，在具体数据的搜集与使用方面，关于组织社会资本的衡量，方法与手段颇为多样，尚未形成一个统一的研究框架，不仅有问卷获取（Leana，2006；Pastoriza，2015），也包含案例分析（赵晶、郭海，2014；梁上坤等，2015），从相关数据库、统计年鉴中获得（游家兴、邹雨菲，2014；高凤莲、王志强，2015）等。而不同的方法与手段，也均具有各自的优缺点，譬如相较于典型案例分析而言，从数据库或统计年鉴中获取关于社会资本的数据，可以适用于更多地理区域与更多同类组织（赵雪雁，2010），其适用性与现实有效性更强。事实上，从多角度、多方法对社会资本进行测量，利用多学科的途径进行交叉分析，最终得出一项公认的有效结论，正是推动社会资本研究不断深化与科学发展的一项基本前提（Grootaert & Bastlaer，2002）。结合我国科技社团现阶段的发展特点，以及现有研究条件，下文将依照相关数据库、统计年鉴对社会资本的数据进行搜集与测量。

本 章 小 结

本章第一节强调，自党的十八大以来，为推进"放管服"改革，我国明显加快相关法律法规的制度供给，重视社会资本在社会组织领域中的积累与优化，为在该网络结构下的亚组织提供行为规范，在强化互惠合作意识与共同语言等方面进行了有效指引，也为科技社团优化社会资本存量与质量，提升其治理有效性方面，营造了良好的制度环境。第二节，借助社会资本理论与资源依赖理论等，阐述社会资本对科技社团治理有效性产生影响的理论基础。如社会资本能够通过"熟人社会"与社会驱逐、普遍互惠与资源渠道、关系网络与重复博弈、社会声誉与智猪博弈等方式，分别作用于科技社团的监督与约束机制、激励机制、信息披露机制以及决策机制等，进而对科技社团治理目标的实现产生实质性影响。第三节，主要论证科技社团社会资本的内涵、特征、分类以及衡量方法，表明本书在研究科技社团社会资本时要综合考量其存量与质量，从组织层面展开，融入个体社会资本的嵌入性作用等，并将科技社团社会资本分为结构型与认知型两类，利用统计年鉴等方式对相关数据进行搜集与量化。

整体来看，本章作为全书承上启下的章节，一方面对上文揭示出社会资本是影响科技社团治理有效性提升的重要影响要素作更为细致的机理分析，同时也为下文实证检验提供理论搭建起基本的研究框架支撑，如图4.3所示。具体而言，以科技社团治理结构与治理规范为原形，从社会资本角度切入，分析结构型社会资本与认知型社会资本通过互惠与约束机制、信息披露机制等，作用于组织的治理目标，最终影响科技社团在科技传播与科技服务上的治理结果有效性。为使得研究进一步深化与具体，在这一研究过程中，下文实证研究会将科技社团置于我国社会组织治理转型的背景之下，并利用自媒体网络与专业性水平，作为信息披露机制与约束机制的替代变量进行检验。

而认知型社会资本与结构型社会资本对治理机制的具体作用路径，也将在第五章与第六章进行详细的理论论证与推演。

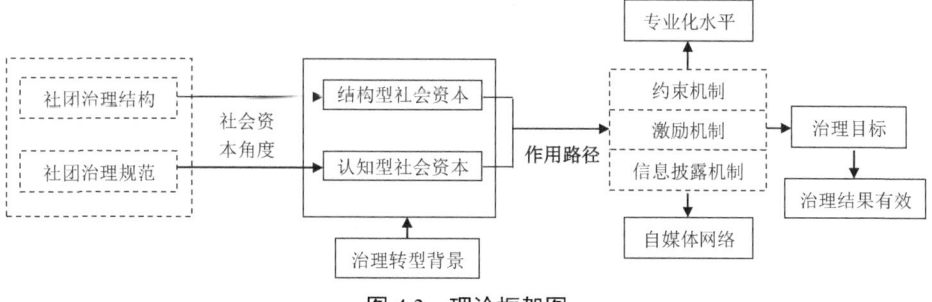

图 4.3　理论框架图

第五章

结构型社会资本对科技社团治理有效性的影响

第一节 理论分析与假设提出

一、结构型社会资本与治理有效性

通常结构型社会资本是指通过组织规则、程序和惯例所建立起来的社会网络和确定的社会角色，可促进信息分享、采取统一的集体行动和制定政策制度等（Uphoff，2000），其强调不同接触路径下，不同层级间人员的交往与合作（Burt，2000；刘婷、李瑶，2013），具化到社团组织之中，也同样在社会关系网络搭建的框架之中进行研究（周进国、周爱光，2018）。从对社会资本理论作进一步分析来看，社会网络是参与主体的一组独特的社会联系，通过授权、资源与信息的持续获取等途径，来提升结构内成员间的互惠水平，进而对组织产生积极作用（Putnam，1993）。在该社会网络内，包含着沟通人情，联结资源相异、权力不等的个体，在非正式规范的约束下，往往能够较高效率地实现组织内资源的获取与分配，实现社会性交换（边燕杰，2004；Guiso et al.，2011）。

这一点在不同层面或组织类型的研究成果中，得到主流观点的证实。如Kwak等（2004）认为，结构型社会资本能够提升成员参与水平，协调各利益相关方的矛盾，推动公共治理制度的择优选择；又如，游家兴等（2014）从结构嵌入性视角分析出发，认为社会资本能够促进组织资源获取能力与战略多元化协同，进而提升组织治理有效性；而对于行业协会而言，石碧涛等（2011）便指出组织结构中的会员同质性越高，社会资本存量越高，进而会对协会治理绩效产生积极影响。当然也有学者提出其他观点，如刘婷等（2013）指出，结构型社会资本在社会资本同企业关系治理绩效的倒"U"形关系中，起到部分中介作用等。

对于科技社团而言，其组织本身便是"熟人社会"所构成的关系网络。

在缺乏物质激励与实际制度控制的前提下，科技工作者加入科技社团往往是被组织内部所拥有的信息、关系等稀缺资源吸引，其连接的"横纵向"网络能够有效拓宽参与主体的活动与资源获取半径，及时传递相关信息，降低信息搜集成本，从而降低强制性信息披露与私人信息披露之间的信息差距（康丽群、刘汉民，2015）；同样通过增加个体的内外部参与程度与联系，降低普通成员同学术精英之间去等级化的制度安排成本，能够更为便捷地接触这些嵌入到组织内的关键且稀缺的资源，使得长期互惠与合作成为网络内成员的最优决策方案，推动组织治理效率的提升（Guiso et al.，2011；李文钊、蔡长昆，2012）。这一点对于我国科技社团而言更为明显，由于我国社会组织普遍采用"双重管理"制度，虽然容易受到行政力量的直接干预，但同时也能够优先获得"体制内"的社会资源（尹广文，2016）。这使得科技工作者融入社团网络内，能够打破原有的"体制壁垒"，通过学会与政府之间的关系网络，优先获得"体制内"资源或超额收益，有更多机会参与政府工作职能的转移，进一步强化会员长期互惠行为的发生。此外，科技社团本身所搭建的这一具有"属性认同"性质的网络本身，也具有较强的吸引力，推动激励机制发挥作用。因为科技社团的存在便是建立在科技工作者"智力乐趣"与学术交流的基础之上的，成员之间在专业背景、兴趣爱好等方面均具有较强的一致性，组织成员间的共同利益相较于其他群体而言更为趋同，而共同利益的一致性又是互惠与合作产生的基础条件（Rademakers，2000）。总体来看，结构型社会资本通过社会关系网络为结构内成员搭建起"信息桥"与资源获取渠道，在互惠机制的作用下，降低等级差异所带来的封闭性与交易成本，从而有利于组织治理目标的高效实现（鲁云鹏，2021）。综合以上分析，本章提出以下假设：

H1：科技社团良好的结构型社会资本会提升组织的治理有效性。

当然，结构型社会资本仍旧是一个复杂与综合性的概念，其对科技社团治理有效性作用发挥的机理与具体原因，仍需作分解式研究。从嵌入性视角出发，该网络应包括规模、结构、密度以及质量等要素（Lin，1986；Frans，1992；赵延东、罗家德，2005；游家兴、邹雨菲，2014）。综合结构型社会资本的内涵、层次性等因素，考虑到网络的"横纵向"关系，本书将科技社团结构型社会资本划分为网络成分、网络规模与网络质量三个维度分别进行考察，论证各维度对治理有效性的影响路径。

二、网络成分与治理有效性

在结构型社会资本中，一方面，网络本身的异质性能对治理有效性产生重要作用，因结构型社会资本本身便是强调个体在网络中所确定的社会角色，以及通过该网络加强不同层级人员间的交流与合作（Burt，2000）。这便涉及网络本身的成分或构型问题上，总体来看网络成分的差异性越大，其社会资本越丰富（Lin，2007），这主要是由于网络成分是具有较大异质性的组织，往往能够为组织提供更多样化的要素组合机会，推动结构内成员多样性资源的获取与优势互补（边燕杰，2004），从而产生信息持有类别的优势（Burt，2009；Corey，2010）；这种优势往往会对科技社团开展活动的类别、适用人群等产生积极作用，使得学术交流涉及面更为广泛、专业观点碰撞更有针对性、科技咨询与服务更为高效。另一方面，网络成分的异质性也会降低组织的冗余知识与"重复性关系"，由于最佳的合作关系往往是由非"重复性关系"联结而成（张枢盛、陈继祥，2012），多种类型的会员往往能够对组织的治理绩效、知识传播效率、社会影响力等产生正面影响（常红锦、仵永恒，2013）。此外，网络成分的多元化也往往意味着组织的开放与包容性的程度，吸引更为广泛的科技工作者加入，展现出学会良好的组织形象与态度。广泛且开放的组织关系网络能够帮助组织获取更为广泛的社会支持（康丽群、刘汉民，2015），而这一过程本身，便是科技社团提升学会的社会影响力，成为更多"科技工作者之家"这一治理目标实现的过程。

当然，也有部分研究成果指出，若网络结构中的异质性较大，则往往会带来较大的协调与整合成本，需要投入大量精力与时间寻求多方的"共有知识"，并且网络成分的异质性也容易产生观点上的冲突，从而增加识别与甄选相关决策的投入资源（Lee，2010）。但对于科技社团而言，其网络成分的差异性是在整体知识体系保持一致的前提下（科技社团专业性的条件限制），由于成员社会角色身份、对组织所投入的资源、所看待问题的角度不同而产生的，这与企业等类型的组织本身便具有差异。从这一角度来看，科技社团往往能够形成较大范围上的"共有知识"，与此同时，成员间的差异则能够从多角度综合看待问题（Finkelstein & Mooney，2003），形成互补效应，提升决策科学性以及服务会员的全面性，代表更多类型成员的利益，也能在一定程度上降低组织的封闭程度，提升其社会影响力（Ravasi & Zattoni，2006）。如在采访全球最大的专业技术组织电气电子工程师学会（IEEE）北京分会前主席冯进军先生时，冯先生便曾提到 IEEE 颇为重视培养学生会员、青年会员、女性会员的领导力与决策参与度，"因这些会员往往能够为组织发展带来新思想、新思路"[1]；又如走在脱钩改革前线的中国计算机学会，便积极提倡在理事会中增加基层会员的比例，强化组织决策公平与开放性，拓展学会科技传播的影响范围与社会影响力；美国化学学会、英国生物物理学会等世界知名科技社团也都积极细分组织成员类型，构建了包括外籍会员、高级会员、学生会员、准会员、荣誉会员等完整的组织结构体系，希望能够以此提供有针对性的服务，提升各类会员的满意度与忠诚度，强化双方的互惠合作质量与科技服务能力。这一点在现有法律法规、研究中也得到进一步证实：2014 年《公司法》第四十四条与第六十七条中，要求有限责任公司及国有独资公司应设立职工董事；《上市公司治理准则（2018 修订版）》在第二十五条中提到"鼓励董事会成员多元化"；Masulis（2012）、杜兴强（2018）等也指出外籍董事能够提升组织的国际化运营能力，提升监督与咨询水平，抑制组织违规行为的发生。基于此，考虑到数据的可获得性，本章将采用科技社团是否有外籍会员、学生会员、高级会员来考量该网络体系的成分多样性，并提出如下假设：

H2：在结构型社会资本中，科技社团多元的网络成分会促进组织的治理有效性。

三、网络规模与治理有效性

从社会资本的理论视角来看，社会资本的存量能够对集体行动产生影响，

---

[1] 数据来源：结合 2017 年度中国科学技术协会重大调研课题《世界知名科技社团治理方式、管理模式研究以及对我国科技社团治理的启示》所获访谈材料。

通常充足的资本存量能够凝聚治理合力，从而达成个体利益与集体利益的有效协同，而资本存量不足的情况则容易造成结构网络的闭塞，小团体问题颇为明显，进而不利于组织治理效率的提升。社会资本存量的多少，取决于个体或组织能够有效加以运用的社会联系网络的规模，以及占有各种形式的资本的数量（刘延东，1998）。特别是前者，较大规模的网络，往往需要花费精力与时间去积累与形成，一旦形成后往往会在组织内部形成较为稳定的关系状态与规则秩序，相关信息也能够在该网络内较为高效的传递。在利用熟人间的关系网络所形成的"熟人社会"之中，能够降低信息搜集成本（康丽群、刘汉民，2015），强化信息披露机制作用的发挥。通常，信息披露的渠道有两种，一种是通过法律法规进行强制性的信息披露；另一种是通过熟人关系，在私下获取信息。现阶段，要求我国科技社团进行强制性信息披露的法律法规较少，针对财务信息、人事任免等重大信息，均未有明确的对外披露要求，仅掌握在少数社团管理者或上级主管单位手中，这使得依靠熟人关系获取组织信息变得尤为重要。搭建的熟人范围越广泛，越多的科技工作者了解业内信息的及时性、准确性的可能性便越高，能够缩小强制性信息与私人信息间的差距。

与此同时，从个体资源嵌入的视角来看，较大的网络规模也往往意味着组织具有更多优质资源或资本，能够搭建起更多的信息桥梁与关系网络，拓宽结构内成员资源获取的有效半径，进而形成规模效应。此外，对于科技社团而言，其本身便是科技工作者权利与利益集合的群体，较大的组织规模往往能够克服个体利益诉求的松散性，代表大规模成员积极向政府发声，反映成员所关心的意见与建议，显然这是小范围群体难以实现的。在这一过程中，也能够提升会员的信任程度及参与科技社团组织的社团学术交流、科普讲座、科技咨询等利己利他活动的意愿。

与物质资本的边际收益递减规律不同，社会资本往往具有边际收益递增的规律，即社会资本的存量会随着使用的增加而增加，这便容易形成"马太效应"，即网络规模大的组织，能够为结构内成员搭建更多"面对面接触"进行学术交流、观点碰撞与对话、承接政府职能转移工作的机会与信息共享平台，推动组织内社会资本的有效使用，进而不断自我强化、积累与更新。这一点对于互益类组织而言作用也颇为明显，其决定了组织的活力与动员结构内资源的基础性能力（吴军民，2005），从而对组织治理绩效产生重要影响，通常认为，组织治理绩效的高低往往取决于组织自我积累的社会资本存量的大小（石碧涛、张婕，2011）。

当然，也有部分文献指出网络规模并不一定能提升组织治理有效性。因为组织的网络规模越庞大，彼此之间持有的意见、需求种类就越多，通过沟通而达成共识的难度也越大，使得组织的决策与监督质量下降；此外，组织网络规模的庞大，也可能引起"搭便车"现象的发生（Callen，2003；Callen et al.，2010；Aggarwal & Nanda，2012）。但对于社会组织而言，相较于组织效率，组织决策与活动开展的社会公平性也是其考虑的重点，而较大的网络规模，往往能够从多角度考虑问题或开展活动，代表更为广泛的利益相关者需求，促进公平性的产生（张立民、李晗，2013；刘丽珑，2015）。此外，对于我国社会组织而言，较大的网络规模容易形成声誉压力（陈钢，2017），相较于较小规模的组织一味迎合挂靠单位，网络规模较大的组织不易受到其挂靠单位的直接控制，使得相关治理目标的实现更容易倾向于互益性，会多从会员角度进行考虑。

通常，网络规模的衡量较为直接且常用的方法是通过组织成员规模这一指标进行反映（Putnam，1993；邵安，2016）。对于科技社团而言，其网络规模具体体现在两个方面：一个是普通资本存量，即加入组织的个体会员规模量，构成组织的一般性架构，反映着组织在科技传播与科技服务方面的惠及范围；另一个是关键性资本存量，反映在组织理事会规模上，这是"精英治理"在科技社团资本嵌入规模的集中体现。基于以上分析，本章提出以下假设：

H3：在结构型社会资本中，科技社团所搭建的网络规模会对组织治理绩效的实现产生正向影响。

四、网络质量与治理有效性

除网络成分与网络规模外，网络质量也同样反映该组织结构型社会资本水平影响治理有效性，甚至是其中最为核心的要素（张方华，2004），因前两方面考察的是组织对结构型社会资本所拥有的情况，而网络质量则体现的是实际可使用情况。从资源嵌入的视角来看，网络质量反映的是组织关键性成员在横纵向网络结构中嵌入的资源水平，是网络价值的关键体现。结合高阶理论来看，网络质量的高低首先体现在关键性成员有无高级管理经验。因为高层管理者的认知能力、管理经验会直接影响组织决策、重要战略的形成，也影响着组织中其他成员的行为（Hambrick & Mason，1984），这一点对于精英治理的互益类组织而言同样颇为明显，会对组织的发展与治理起到重要的作用（石碧涛、张婕，2011）。一方面，这些行业内精英或关键性成员能够将自身各类优质且稀缺性资源有机地嵌入到社团之中，形成资源获取的渠道效应，成为组织内成员获取资源的有效桥梁。如果说网络规模决定该渠道的多少，那么网络质量则影响着该渠道通往何处。网络质量越高，该组织及其成员则越有可能接近优质的学术与行政资源，从而直接影响科技社团国内外学术会议举办、承接政府职能转移的质量与能力。另一方面，这些优质的资源、能力与信息往往能够在结构型网络之中进行流动，结合组织学习理论角度来看，也能够被组织其他成员所共享、学习与利用，进而提升组织整体决策与活动开展的水平与效率（Sundaramurthy & Lewis，2003）。

此外，依靠这些高层管理者的外部联结，往往也能够缓解外部不确定环境的冲击与影响，提升社会组织的适应能力（许鹿等，2018）。我国科技社团的网络质量还应考虑到理事长个人的社会地位、学术声望与实际权力，在任何一组织内，其内部成员都会因自身的权力、地位、声望等嵌入到该网络中，按一定标准排列起来会形成一个塔形结构，若该组织的塔顶较高，则代表该网络结构内所拥有的权力大、地位高，相较于塔顶较低的组织而言，其社会资本质量便越优（边燕杰，2004）。在中国情境下这会进一步带来"差序格局"的结构关系，即与塔顶距离越近代表关系越为密切，获得优质资源的可能性越高（费孝通，2007），这显然对于一般性会员（相较于非会员或不具有该高塔顶的组织会员）具有较强的吸引力，从重复博弈的角度考虑，理性的会员也更容易表现出较高的参与积极性与合作意愿。需要指出的是，由理事长（委托人）所形成的差序格局，往往会衍生出"差序信任结构"，也会对秘书长（代理人）的行为产生影响，一方面通过理事长赋予的"面子"，提升对组织的信任程度,并具有较强的自由裁量权;另一方面在"人情"的约束下,也往往会形成隐性契约,降低机会主义行为,控制协调成本(杨玉龙等,2014)。此外,组织的塔顶越高也往往会形成一种权威效应,其本身符合"影响逻辑",带来信任程度与义务承担范围的影响(Coleman,1998),可以在一定程度上缓解非科层制的治理结构所带来的"搭便车"现象(Frans,1992),提升组织的自治能力,因这一权威关系会由单个自然人间的特殊信任转化为对组织的整体认同与普遍信任(李学兰,2012)。关于理事长声望与权力的衡量,本书拟采用当前在治理研究领域中较为通用的政治关联进行测度(唐松等,2014;范建红等,2015),即理事长现在(或曾经)担任过省部级以上人大代表、政协委员、厅级以上政府官员以及党委书记。而高级行政管理经验,则界定为理事长现在(或曾经)担任过厅级以上单位领导干部或国有企业领导干部。综上分析,本章提出以下假设:

H4:在结构型社会资本中,科技社团较好的网络质量能提升组织的治理有效性。

综合以上分析,图 5.1 将结构型社会资本及其各要素对科技社团治理有效性影响的具体作用路径进行了汇总。

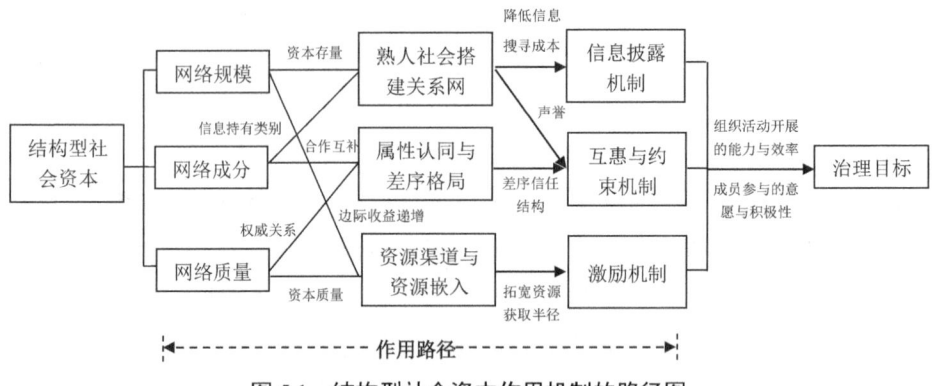

图 5.1 结构型社会资本作用机制的路径图

第二节 研究设计

一、样本选取

为保持数据前后一致性与可比性,本章数据的选取同样以中国科协编制的 2016—2018 年《中国科学技术协会:学会、协会、研究会统计年鉴》为数据主要来源,网络质量方面的数据则通过学会官方网站、百度、谷歌等进行搜集补充,并充分考虑到换届理事长更迭所带来的数据变化。所有数据均手工整理完成,并以中国科协主管的国家一级科技社团为主要研究样本,剔除核心指标缺失或统计不完整的学会,确定每年参考有效样本 191 家,三年共计 573 个观测值。此外,为减少极值或异常值对实证结果的干扰,本书对连续型自变量与因变量均采用 1% 分位的缩尾处理。

二、变量的定义与模型构建

(一)变量的定义

在上节的理论分析中,已通过理论、文献、政策法规、调查问卷等方法对涉及的变量定义与衡量进行了较为详细的分析,此处不再赘述,仅做汇总说明。上文所构建的治理有效性($Geffe$)作为被解释变量,包括科技传播($Sspre$)与科技服务($Sserv$);而结构型社会资本($Ncap$)采用网络成分、网络规模与网络质量进行测度。网络成分($Ningr$)体现出该结构性资本内部的差异性,采用是否设置学生会员、外籍会员以及高级会员;网络规模($Nscal$)作为考察结构型社会资本的存量,利用科技社团的组织规模与理事会规模;网络质量($Nqual$)则通过结构性塔顶的不同,考察理事长个人的资源嵌入能力,采用理事长是否有政治关联背景以及高级行政管理经验。同样,各指标量级并不相同，为统一计算，本书采用中国上市公司治理评级体系的相关处理方法（南开大学公司治理研究中心公司治理评价课题组，2003），以指标的平均值为参照，由专家统一进行分组赋分。由于指标的选取均为综合性指标，具体权重采用AHP法。从科学史综合论的角度来看，科学的成熟进步是由历史文化、科学共同体领军人物的心理动机以及具体科学逻辑发展共同作用下直接或者内外因综合塑造的结果（Микулинский，1977）。在这一科学体系不断繁荣的前提下，其社会化的活动也逐步多样化，不仅表现为人们对自然、社会、思维等各色领域的知识探索，同时也包括致力于为新知识产生而进行的科技知识传播与交流。科技社团作为科技社会建制化的主要形式，在群体动力、社会互动、知识互动、科学建制、同行认可等诸多因素的共同作用下，逐步形成并伴随着学科建设与科技功能的拓展而繁荣（杨文志，2006；冯长根，2004）。事实上，科技社团发展水平同学科发展共兴衰的基本属性，也在世界科技社团与科技活动中心转移规律的轨迹高度吻合中，得到了进一步印证（汤浅光朝，1979）。因此在控制变量中，本书主要考察学会发展的成熟度，并选取了组织年龄（Age）、省级同名学会个体会员数（$Matur$）以及是否设置专门委员会（$Pboa$）这三项指标。此外，考虑到数据的面板性质，本书还引入年度与行业作为虚拟变量。行业划分仍旧采用中国科协的划分方法，即分为理科、工科、医科、农科与交叉学科五类，具体变量定义见表5.1。

表5.1 各类变量的定义

变量类型	变量名称	变量符号	变量描述
被解释变量	治理有效性	$Geffe$	由科技传播、科技服务两项分指标组合，权重综合问卷结果与AHP法。
	科技传播	$Sspre$	由科普惠及人数、杂志综合影响因子、科技期刊印刷数量、参与国内与国外会议的科技工作者数量五项分指标组合，权重综合问卷结果与AHP法。
	科技服务	$Sserv$	由是否开展科技评估、决策咨询、科技成果推广三项分指标组合，权重综合问卷结果与AHP法。
解释变量	结构型社会资本	$Ncap$	由网络成分、网络规模、网络质量三分指标组合，权重采用AHP法。
	网络成分	$Ningr$	由是否有外籍会员、高级会员、学生会员三个分指标组合，权重采用AHP法。

（续表）

变量类型	变量名称	变量符号	变量描述
解释变量	网络规模	Nscal	由学会理事会规模、学会的组织规模两项分指标组合，权重采用 AHP 法。
	网络质量	Nqual	由理事长是否有政治关联、是否有高级行政管理经验两个分指标组合，权重采用 AHP 法。
调节变量	专业化水平	Prof	由学会是否有独立办公场所、是否聘用专职（副）秘书长两项分指标组合，权重采用 AHP 法。
控制变量	成立年限	Age	从组织成立之日起，到数据统计时代间隔。
	专门委员会	Pboa	虚拟变量：设置 -1；未设置 0。
	组织成熟度	Matur	由省级同名学会个体会员人数作为替代变量衡量，为统一量纲，比依照平均数区间进行专家赋值。

（二）模型构建

依据文章理论假设、相关变量定义，本书构建以下回归模型（5.1）～（5.4）：

$$Geffe(Sspre/Sserv) = \beta_0 + \beta_1 Ncap + \beta_2 Age + \beta_3 Pboa + \beta_4 Matur + \sum Indus + \sum Year + \varepsilon \quad (5.1)$$

$$Geffe(Sspre/Sserv) = \beta_0 + \beta_1 Ningr + \beta_2 Age + \beta_3 Pboa + \beta_4 Matur + \sum Indus + \sum Year + \varepsilon \quad (5.2)$$

$$Geffe(Sspre/Sserv) = \beta_0 + \beta_1 Nscal + \beta_2 Age + \beta_3 Pboa + \beta_4 Matur + \sum Indus + \sum Year + \varepsilon \quad (5.3)$$

$$Geffe(Sspre/Sserv) = \beta_0 + \beta_1 Nqual + \beta_2 Age + \beta_3 Pboa + \beta_4 Matur + \sum Indus + \sum Year + \varepsilon \quad (5.4)$$

第三节 实证分析

一、描述性统计结果

表5.2列出了研究样本的描述性统计分析结果,可以看到当前我国科技社团结构型社会资本（Ncap）总体均值为0.6068,在三项分指标中,网络规模（Nscal）得分最高为0.6936,资本存量相对较好,其中理事会的平均人数为174人；其次是网络质量（Nqual）为0.6104,反映出我国科技社团在理事长选择时,普遍会选择那些有高级管理经验的权威人士,精英治理特征凸显,但从标准差（0.43）中也能看出,组织间在该方面的差距较大,社团内部嵌入的资源丰富程度良莠不齐；得分较低的是网络成分（Ningr）,仅有0.5317,反映出我国科技社团网络差异性不足,会员成分单一,缺乏学生会员、外籍会员等的加入,桎梏科技社团的影响力半径。而我国一类科技社团平均年龄（Age）约为44.88,约有83.77%的社团设置了专门委员会（Pboa）,学科成熟度（Matur）均值为0.6360。

表5.2 描述性统计结果

变量	均值	中位数	标准差	范围	最小值	最大值
Geffe	0.5535	0.5314	0.1765	0.7783	0.2217	1.0000
Ncap	0.6068	0.6251	0.2181	0.8824	0.1176	1.0000
Nscal	0.6936	0.6870	0.1839	0.6000	0.4000	1.0000
Ningr	0.5317	0.4745	0.2970	0.9469	0.0531	1.0000
Nqual	0.6104	1.0000	0.4270	1.0000	0.0000	1.0000
Prof	0.3822	0.2308	0.3967	1.0000	0.0000	1.0000
Age	44.8761	37.0000	22.4798	106.0000	4.0000	110.0000
Pboa	0.8377	1.0000	0.3691	1.0000	0.0000	1.0000
Matur	0.6360	0.6000	0.2767	0.8000	0.2000	1.0000

资料来源：依样本数据整理而成。

由于下文会进一步分析在治理转型背景下结构型社会资本对治理有效性的影响，本书依照行政力量干预强弱，将不同挂靠单位划分为三个组别，其中行政力量最强的直接挂靠到政府单位，其次是挂靠到事业单位包括科学院、中国科协等，相对较弱的是挂靠到企业、行业协会以及实现脱钩的学会。具体统计结果见表5.3。从治理有效性的相关得分来看，行政力量干预最弱的治理有效性得分最高，为0.6277，其次是政府机构与事业单位；但在结构型社会资本综合得分中，挂靠到政府单位的得分最高，达到了0.7179，究其原因主要是在网络质量上，得分达到了0.8549，说明挂靠到政府单位的学会的理事长具有颇高的塔顶；其次是挂靠到企业、协会或脱钩的学会，其在网络规模、网络成分中均表现良好；最后是挂靠到事业单位的科技社团，相对而言结构型社会资本无论在存量还是质量上，均不占优。此外，本研究也发现挂靠在政府机构的科技社团组织成立年限最长，约为50年；而挂靠单位为企业、协会或脱钩的社团，其组织的成熟度最高。

表5.3 按挂靠单位不同进行的描述性统计分析

变量	挂靠单位为政府机构 N=144 均值	标准差	挂靠单位为事业单位 N=333 均值	标准差	挂靠单位为企业、协会或脱钩 N=96 均值	标准差
Geffe	0.5978	0.1844	0.5138	0.1606	0.6277	0.1751
Ncap	0.7179	0.1663	0.5379	0.2063	0.6803	0.2324
Nscal	0.7444	0.1776	0.6470	0.1758	0.7790	0.1711
Ningr	0.5058	0.2765	0.5329	0.3001	0.5665	0.1348
Nqual	0.8549	0.3116	0.4774	0.4205	0.7049	0.4148
Prof	0.5321	0.4063	0.2391	0.3147	0.6539	0.4155
Age	50.5208	28.7716	41.9910	19.6192	46.4167	19.2768
Pboa	0.7917	0.4075	0.8739	0.3325	0.7813	0.4156
Matur	0.6889	0.2856	0.5808	0.2590	0.7479	0.2757

资料来源：依样本数据整理而成。

二、多元回归结果

本书对以上假设进行回归分析，考虑到自变量可能涉及多重共线性问题，本书还进行了方差膨胀因子 VIF 的检验，发现主要自变量的 VIF 平均值在 1.39~1.52 之间，显著小于 10 的临界点，说明相关模型回归时，不存在较为明显的多重共线性问题。

表 5.4 显示了我国科技社团结构型社会资本对治理有效性的综合性影响，可以看到我国科技社团结构型社会资本的确能够显著影响组织的治理有效性（相关系数为正，且在 1% 分为显著），即良好的社会资本存量、差异性与质量，通过渠道效应、构建的社会关系网络、资源互补优势等，会有效促进学会科技传播、科技服务等治理目标的实现，进而提升其治理有效性水平。

表 5.4 科技社团结构型社会资本与组织治理有效性的回归结果

变量	科技传播 Sspre	科技服务 Sserv	治理有效性 Geffe
Ncap	0.1589*** （4.61）	0.1429*** （2.61）	0.1474*** （4.38）
Age	0.0021*** （4.27）	0.0005 （0.85）	0.0016*** （3.56）
Pboa	0.0647** （2.34）	0.0214 （0.62）	0.0512** （2.00）
Matur	0.1587*** （5.17）	0.1449*** （2.95）	0.1583*** （5.29）
_Con	0.3006*** （7.83）	0.1176** （2.35）	0.2492*** （6.95）
Indust	Control	Control	Control
Year	Control	Control	Control
$Adj\text{-}R^2$	0.4977	0.2003	0.4621
N	573	573	573

注：**、*** 分别表示回归结果在 5% 和 1% 的水平显著。

资料来源：依样本数据整理而成。

表 5.5 则显示科技社团网络成分与组织治理有效性的多元回归结果，可以看出对于网络成分而言，其在总体上能够显著影响组织治理有效性水平，并且在 5% 分为水平显著。这说明提升组织内部成分多元性，引入不同身份的会员能够在整体上降低重复性关系，为组织在不同领域间发挥作用、提升决策的科学性等提供支撑。但从具体的回归结果来看，这一作用集中反映在科技传播上，即在学科领域内进行专业性交流，能够真正实现降低冗余性知识，

提升科技传播效率的作用，但同政府之间尚未形成有效的联结方式与沟通机制，并非能够对科技服务产生直接作用。

表 5.5　科技社团网络成分与组织治理有效性的回归结果

变量	科技传播 Sspre	科技服务 Sserv	治理有效性 Geffe
Ningr	0.0581*** （2.96）	0.0521 （1.49）	0.0407** （2.08）
Age	0.0023*** （4.74）	0.0007 （1.11）	0.0019*** （3.99）
Pboa	0.0559** （1.98）	0.0124 （0.36）	0.0431* （1.66）
Matur	0.1824*** （5.98）	0.1799*** （3.81）	0.1837*** （6.18）
_Con	0.3303*** （8.60）	0.1409*** （2.81）	0.2839*** （7.91）
Indust	Control	Control	Control
Year	Control	Control	Control
Adj-R^2	0.4709	0.1934	0.4335
N	573	573	573

注：*、**、***分别表示回归结果在10%、5%和1%的水平显著。

资料来源：依样本数据整理而成。

进一步来看各分指标影响情况，表5.6是科技社团网络规模与组织治理有效性的多元回归结果，可以看出，良好的网络规模能显著正向影响组织的治理有效性水平，且达到了1%显著性水平。即由网络规模所反映的结构型社会资本存量，能够形成较为稳定的关系状态与内部规则秩序，并利用丰富的信息桥梁与关系网络，拓宽组织获取资源的半径，克服个体利益诉求的松散性，代表大规模成员积极向政府发声，反映成员所关心的心声，提升会员的信任程度与参与社团各类活动的意愿。而在边际收益递增规律的作用下，也能够推动组织在会员、公众、政府等利益相关者间的服务与传播能力，进而提升组织治理有效性。

表 5.6　科技社团网络规模与组织治理有效性的回归结果

变量	科技传播 Sspre	科技服务 Sserv	治理有效性 Geffe
Nscal	0.2780*** (6.74)	0.1833** (2.50)	0.2294*** (5.59)
Age	0.0019*** (4.23)	0.0005 (0.86)	0.0015*** (3.53)
Pboa	0.0448* (1.75)	0.0072 (0.21)	0.0342 (1.42)
Matur	0.1274*** (4.11)	0.1203** (2.28)	0.1327*** (4.33)
_Con	0.2538*** (6.90)	0.1049** (2.00)	0.2178*** (6.21)
Indust	Control	Control	Control
Year	Control	Control	Control
Adj-R^2	0.5592	0.2071	0.5089
N	573	573	573

注：*、**、*** 分别表示回归结果在10%、5%和1%的水平显著。

资料来源：依样本数据整理而成。

表5.7反映了科技社团网络质量与组织治理有效性的多元回归结果，可以看出优质的网络质量能够对学会治理有效性产生积极影响，且在总体上达到了1%显著性水平。这说明通过塔顶差距的形成，能够帮助科技社团形成差序格局与权威关系，构建组织在信任与义务承担范围上的"影响逻辑"，并借助资源获取的渠道效应，内部治理主体多表现出互惠合作与积极参与的状态，提升组织在科技社团的治理能力。总体来看，本章所提到的假设 H1～H4 均得到了有效证实。

表 5.7　科技社团网络质量与组织治理有效性的回归结果

变量	科技传播 Sspre	科技服务 Sserv	治理有效性 Geffe
Nqual	0.0421** (2.15)	0.0481* (1.66)	0.0516*** (2.73)
Age	0.0022*** (4.39)	0.0006 (0.91)	0.0017*** (3.61)
Pboa	0.0634*** (2.21)	0.0213 (0.61)	0.0521* (1.95)
Matur	0.1713*** (5.52)	0.1619*** (3.31)	0.1677*** (5.56)

（续表）

变量	科技传播 Sspre	科技服务 Sserv	治理有效性 Geffe
_Con	0.3546*** （9.47）	0.1614*** （3.46）	0.2957*** （8.50）
Indust	Control	Control	Control
Year	Control	Control	Control
Adj-R^2	0.4608	0.1813	0.4232
N	573	573	573

注：*、**、*** 分别表示回归结果在 10%、5% 和 1% 的水平显著。

资料来源：依样本数据整理而成。

第四节　治理转型背景下的进一步分析

一、理论分析、假设提出与模型构建

在进行结构型社会资本对科技社团治理有效性的研究过程中，不能忽略我国科技社团所面临的一般性制度背景——行政型治理。我国大部分社会组织或由政府部门转变过来，或由政府部门直接创办，"一个部门，两块牌子"这一外形化现象普遍存在，使得社会组织对政府具有较强的依赖性（赵海林，2012）。如对于正处在成长期的科技社团而言，受市场驱动、挂靠单位惯性扶持以及政府职能让渡空间狭窄等因素的影响，往往更容易对政府的政策资源、资金资源、人才资源、合法性资源以及公信力资源等，采取依附、服务以及合谋行为（朱喆，2016），以直接镶嵌于国家机构内部（张华，2015）、间接或合作型的方式获取（谈毅、慕继丰，2008）使科技社团治理宗旨或目标发生转移，并非以会员需求或科技社团需求为先导，而是为挂靠单位的需求所"操控"，成为其"雇员"（卢艳君，2012）。这将对科技社团结构型社会资本的各个方面带来消极影响：

首先，降低了科技工作者对科技社团的信任程度，也限制了科技社团在科技工作者中影响力的发挥，造成学会个体会员规模的不足，进而引致科技社团结构型社会资本存量较差。如上文所开展的关于科技工作者对科技社团治理有效性的调查中发现，71位学会会员中有超过46%的会员对科技社团社会影响力的满意度持消极态度。其次，由于行政干预力量与相关机制嵌入到科技社团治理体系内，将出现本应占据主导地位的社会力量同行政力量相互掺杂与融合，过于庞大的行政力量将挤占学会内社会需求空间，使得科技社团难以反映各层次，特别是基层科技工作者的心声，这也是《科协系统深化改革实施方案》中重点强调的学会呈现出"贵族化""小众化"问题的具体表现。显然，这使得社团网络的成分单一，学生会员、外籍会员等明显不足，如中国科协主管的国家一级科技社团有超过58%的学会并未设有外籍会员，国际话语权与影响力颇为有限。再次，这种较强的行政力量干预，也会使得网络质量发生变质，会员加入科技社团的初始动机易被扭曲，主动攀附行政权力与相关关系，科技交流与服务反而成为附属品，使得科技工作者很难保持一种献身精神，对科学上杰出成就的追求也会被奢望和权术所替代（Petitjean & Patrick，2008）。

因而社会组织治理转型被提上日程，政府开始逐步重视与尊重社会组织治理有效性在国家治理创新体系与社会治理中的正面价值，通过"赋能还权"，逐渐在经济、社会等诸多方面划出较为清晰的干预边界（俞可平，2008），并在社会利益诉求日趋多元化，公共主体关系网络复杂化的当下，不断推动公共治理结构性改革（刘淑珍，2010；李维安，2015）。具体而言，转变传统意义上"纵向到底，横向到边"的全网格化方式，提倡通过强化组织专业化水平以及独立性，来拓展组织发展网络的自由延展空间（胡明，2013），通过组织成员的高效履职，强化社团约束机制的发挥，提升决策科学性与业务执行效率以更好地为会员与其他利益相关者服务，激发社会组织活力与影响力。特别是对于专业性较强的科技社团而言，成为《国务院机构改革和职能转变方案》中率先"脱钩"试点的社会组织类型之一。而这其中的突破口便是推动秘书长职责的专业化、办公场所独立化、秘书处实体化等机制的初步实现（肖兵，2008；郗永勤，2009；隗斌贤等，2014）。这一点在《关于规范退（离）休领导干部在社会团体兼职问题的通知》《科协系统深化改革实施方案》《福建省关于加强科技社团党建工作的意见（试行）》等政策引导性文件中也均得到具体体现。因而本书也将采用科技社团是否聘用专职（副）秘书长以及是否有独立的办公场所来衡量其专业化能力（*Prof*）。基于以上分析，本章提出以下假设：

H5：在治理转型的背景下，科技社团受到的行政干预越少，结构型社会资本对组织治理有效性的影响越发明显。

H6：在治理转型的背景下，科技社团的专业化能力越强，结构型社会资本越能够对组织治理有效性产生影响。

依据文章理论假设、变量定义，本书也对该假设构建以下回归模型（5.5）：

$Geffe(Sspre/Sserv)$
$=\beta_0+\beta_1 Ncap+\beta_2 Age+\beta_3 Pboa+\beta_4 Matur+\beta_5 Prof+\beta_6 Prof*Ncap+\sum Indus+\sum Year+\varepsilon$ (5.5)

二、多元回归结果

（一）不同行政力量干预情境下的社会资本对治理有效性的影响

为进一步分析我国科技社团结构型社会资本对组织治理有效性的影响，本书依照科技社团挂靠单位行政力量的强弱，划分为三个组别，即挂靠到政府单位、挂靠到事业单位以及挂靠到企业、行业协会与脱钩，进行分组回归分析。具体结果见表 5.8，我们发现一个有趣的结论，并非完全像预想的那样，行政力量干预越弱的科技社团，其结构型社会资本对治理有效性的作用越明显，而是呈现出一种"U"形现象，具体如图 5.2 所示，即挂靠到行政干预能力较强的政府机构与挂靠到行政干预能力较弱的企业（或脱钩），结构型社会资本能够对科技社团治理有效性产生显著影响，并且无论从系数还是显著性角度来看，挂靠到政府的学会在这方面的效果会更为突出，而处在中间的挂靠到事业单位的科技社团的结构型社会资本难以发挥真正作用。

本书的研究结果肯定了较弱的行政干预能够使得科技社团的结构型社会资本发挥自身作用，通过自主运行，并以学科自身与会员的实际需求作为治理目标，来提升会员或业界科技工作者的信任程度，进而提升其科技传播与服务的能力与水平。但对于挂靠到政府单位的科技社团，其结构型社会资本仍旧能够显著影响其科技传播与科技服务能力，则值得我们进一步深思。本书认为，挂靠到政府单位的科技社团，在结构型社会资本中网络质量起到关键性作用，这一点在描述性统计中已得到证实。具体而言，在我国社会治理转型的压力下，政府逐步开始实施简政放权、政府购买等行为，但很明显这一行为仍旧是针对体制内的科技社团，因政治关联与挂靠关系往往使得双方形成"基础信任"，将这些政府转移项目交给自身所熟识或者关联的社团，可以实现整个过程的有效控制，一旦出现问题也容易追责（陈建国，2015）。此时网络质量在其中并非只是针对内部因权威关系所形成的稳定契约，反而发挥一种"渠道效应"，能够吸引更多外部的社会资本，从而在科技咨询、技能评定、科普活动等科技服务与传播中，相对于其他非关联单位占有优势。与此同时，政府将这些项目转移给相关联的组织，也能够实现"政绩共享"，以达到一种所谓"强互惠关系"（Granovetter，1973）。这一结果恰巧暴露了当前我国政府在治理转型过程中所存在的问题，即行政力量干预会导致科技社团承接政府职能转移过程中的不公平竞争，或者说是一种"虚假转移"。从组织微观角度，这对社团短期内容易形成立竿见影的"假象"，本书的相关结果显著便说明问题，但是从长期角度来看这种行为容易进一步削弱组织的专业化能力，反而不利于社团改革，也钳制学会"脱钩"的积极性（费梅苹，2014）。这也证实，社会资本的作用并非均是积极的（Delis & Mario，2007），在不同的制度与结构下，往往会使其发生变质，成为组织治理改革的羁绊。而从行业角度来看，这本身便是非公平低效率的，因行政干预的确会造成结构型社会资本对治理有效性的影响，从挂靠到事业单位的科技社团的实际情况便能得到印证，因这一部分社团所挂靠的单位并非政府职能转移的"委托方"，同直接挂靠到政府单位的情形相比，并没有较强的"照顾"关系，同行政干预较小或直接脱钩的情形相比也缺乏自主发展能力。这也在很大程度上解释了为何当前有诸多学会"脱钩"动机不足，挂靠单位仍旧未下"壮士断腕之决心"进行治理转型；而本书的相关研究，也为我们提供治理转型的突破口，即从挂靠事业单位的科技社团展开。总体来看，假设 H5 部分成立。

表 5.8 按挂靠单位进行分组回归的结果

变量	挂靠单位为政府机构	挂靠单位为事业单位	挂靠单位为企业、行业协会或脱钩组织
	治理有效性 *Geffe*	治理有效性 *Geffe*	治理有效性 *Geffe*
Ncap	0.3263*** (3.70)	0.0385 (0.90)	0.2217*** (2.85)
Age	0.0023** (2.28)	0.0021*** (3.32)	-0.0003 (-0.19)

（续表）

变量	挂靠单位为政府机构 治理有效性 Geffe	挂靠单位为事业单位 治理有效性 Geffe	挂靠单位为企业、行业协会或脱钩组织 治理有效性 Geffe
Pboa	0.0496 （0.67）	0.0887*** （2.79）	0.0566 （0.90）
Matur	0.0735 （1.06）	0.1673*** （4.48）	0.1247 （1.61）
_Con	0.1751 （1.30）	0.2430*** （5.90）	0.5740*** （3.37）
Indust	Control	Control	Control
Year	Control	Control	Control
Adj-R^2	0.4165	0.5093	0.5189
N	144	333	96

注：**、*** 分别表示回归结果在5%和1%的水平显著。

资料来源：依样本数据整理而成。

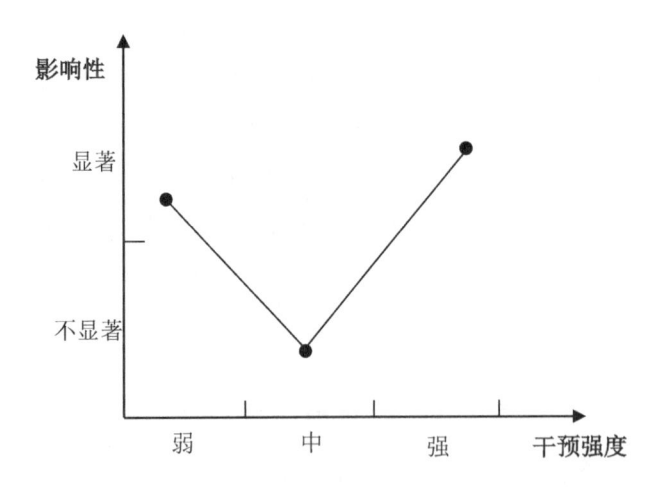

图5.2 挂靠单位行政力量干预强度对结构型社会资本同治理有效性关系的影响

（二）社会资本、专业化水平与治理有效性

在治理转型的背景下，本书也进一步分析了科技社团专业性水平对结构型社会资本同治理有效性的调节性作用，结果见表5.9。无论从结构型社会资

本及其与专业化程度交乘项的显著性水平，还是调整后的 R2 提升度来看，均支持原假设 H6。说明在科技社团组织属性趋向混合与多元、所面临的外部环境日趋复杂与动态的背景下，专业化的管理人员能够通过高效履职，强化科技社团监督约束机制的发挥，提升决策科学性与业务执行效率，更好地为会员与其他利益相关者服务，改善社团结构型社会资本的存量与质量，进而不断激发组织活力。这一结论同罗文恩（2010）、Frumkin 与 Keating（2011）等人的观点相一致，进一步从实证角度证实我国科技社团进行治理转型、减少行政干预、提升组织专业化运行的必要性。但需要指出的是，专业化水平的调节作用，主要在结构型社会资本对社团科技传播的影响中，而并未显著体现在科技服务上。

表 5.9 科技社团的社会资本、专业化水平与治理有效性

变量	治理有效性 $Geffe$	治理有效性 $Geffe$	治理有效性 $Geffe$	科技传播 $Sspre$	科技服务 $Sserv$
$Ncap$	0.1474*** (4.38)	0.1448*** (4.30)	0.0843* (1.94)	0.0735* (1.66)	0.1087 (1.50)
$Prof$		0.0283 (1.24)	−0.0788 (−1.49)	−0.1324 (−1.61)	0.0107 (0.13)
$Ncap * Prof$			0.1685** (2.24)	0.2364*** (3.05)	0.0691 (0.58)
Age	0.0016*** (3.56)	0.0016*** (3.42)	0.0016*** (3.56)	0.0021*** (4.37)	0.0005 (0.73)
$Pboa$	0.0512** (2.00)	0.0530** (2.07)	0.0505** (2.01)	0.0623** (2.30)	0.0238 (0.70)
$Matur$	0.1583*** (5.29)	0.1578*** (5.28)	0.1640*** (5.51)	0.1677*** (5.51)	0.1454*** (2.97)
$\_Con$	0.2492*** (6.95)	0.2469*** (6.88)	0.2793*** (7.28)	3.440*** (8.48)	0.1287** (2.30)
$Indust$	Control	Control	Control	Control	Control
$Year$	Control	Control	Control	Control	Control
$Adj\text{-}R$	0.4621	0.4652	0.4844	0.5244	0.2115
N	573	573	573	573	573

注：*、**、*** 分别表示回归结果在 10%、5% 和 1% 的水平显著。
资料来源：依样本数据整理而成。

第五节　稳健性检验与内生性讨论

一、稳健性检验

为保证结果信度，本书还进行了以下稳健性检验。首先剔除掉主观赋值的影响，各综合性指标的所有衡量变量均采用加权平均的方法，对相关指数进行拟合，具体结果见表 5.10（1）～（4），可以看到主要结论保持不变。结构型社会资本从网络成分、网络规模与网络质量三个方面，综合影响科技社团治理有效性的水平。

表 5.10　剔除 AHP 法的稳健性检验

变量	（1）	（2）	（3）	（4）
Ncap	0.2115*** (5.19)			
Nscal		0.2473*** (5.84)		
Ningr			0.0490** (2.35)	
Nqual				0.0610*** (2.73)
Age	0.0016*** (3.66)	0.0015*** (3.54)	0.0017*** (4.02)	0.0017*** (3.65)
Pboa	0.0462* (1.87)	0.0330 (1.38)	0.0430* (1.66)	0.0501* (1.89)
Matur	0.1556*** (5.25)	0.1329*** (4.37)	0.1838*** (6.19)	0.1684*** (5.58)
_Con	0.2095*** (5.62)	0.2080*** (5.90)	0.2782*** (7.69)	0..2864*** (8.11)
Indust	Control	Control	Control	Control
Year	Control	Control	Control	Control
Adj-R	0.4911	0.5175	0.4362	0.4282
N	573	573	573	573

注：*、**、*** 分别表示回归结果在 10%、5% 和 1% 的水平显著。

此外本书还对主要因变量进行替换，见表5.11（1），将网络规模由副理事长人数（Vice）表示，副理事长作为科技社团重要人员，在拓展资源获取半径，搭建起更多的信息桥梁与关系网络中同样扮演重要的角色。对此进行回归分析，发现主要结果保持不变；另外，为剔除特定数据或极值数据的干扰，本书采用多次进行随机样本抽取（数量为总样本的70%）（唐国平等，2013），并进行回归分析，结果均为显著，具体结果见表5.11（2）～（5），可以看到仍旧保持不变。

表5.11 其他稳健性检验

变量	（1）	（2）	（3）	（4）	（5）
Vice	0.1452*** （3.95）				
Ncap		0.1669*** （4.36）			
Nscal			0.2816*** （5.75）		
Ningr				0.0427** （2.21）	
Nqual					0.0559*** （2.67）
Age	0.0013*** （4.35）	0.0014*** （2.95）	0.0013*** （2.89）	0.0016*** （3.26）	0.0014*** （2.93）
Pboa	0.0348** （2.17）	0.0507* （1.95）	0.0297 （1.20）	0.0416 （1.57）	0.0506* （1.88）
Matur	0.2653*** （5.88）	0.2004*** （5.67）	0.1605*** （4.43）	0.2380*** （6.84）	0.2197*** （6.16）
_Con	0.2060*** （6.89）	0.2270*** （6.08）	0.1859*** （4.98）	0.2611*** （6.91）	0.2798*** （7.83）
Indust	Control	Control	Control	Control	Control
Year	Control	Control	Control	Control	Control
Adj-R	0.4348	0.4467	0.5073	0.4220	0.4089
N	573	401	401	401	401

注：*、**、***分别表示回归结果在10%、5%和1%的水平显著。

资料来源：依样本数据整理而成。

二、内生性讨论

为剔除自变量与因变量之间可能存在互为因果的关系,本书将自变量滞后一年进行处理(因缺乏 2014 年数据,故仅作两年回归检验),主要结果见表 5.12(1),仍旧保持稳健。此外,为防止自变量与因变量之间存在自相关问题,本书采用 GMM 方法进行回归检验,所选用的工具变量为 $Ncap_{t-1}$,具体结果见表 5.12(2),可以看到原有假设依旧在 1% 水平下显著,并且本书对是否存在弱工具变量进行了检验,检验结果见表 5.13,其中 F 值为 1699.77,明显大于 10,并且 Shea 值为 0.8466 较大,所以不存在弱工具变量,进一步支持原假设。

表 5.12 内生性检验(一)

变量	(1)	(2)
Ncap	0.1065*** (2.89)	0.2020*** (5.81)
Age	0.0015*** (3.03)	0.0012*** (3.44)
Pboa	0.0459* (1.74)	0.0455** (2.48)
Matur	0.2126*** (5.84)	0.2156*** (7.14)
_Con	0.2485*** (6.66)	0.1963*** (7.96)
Indust	Control	Control
Year	Control	Control
$Adj\text{-}R^2$	0.4794	0.4717
N	382	382

注:*、**、*** 分别表示回归结果在 10%、5% 和 1% 的水平显著。

资料来源:依样本数据整理而成。

表 5.13 弱工具变量检验表

变量	Bobust F(1377)	Prob > F	Shea's Adj Partial R-sq
N	1699.77	0.0000	0.8466

资料来源:依样本数据整理而成。

虽然从现实情况来看,参加科技社团举办的学术会议的大部分是具有非会员身份的科技工作者（从调查问卷的数据来看，非会员身份的占比达到77.17%），但从理论角度分析，组织规模越庞大，其内部成员参加学会组织的各项活动的可能性也越大，容易同科技传播、科技服务中的细分指标产生内生性问题。因此，本书剔除学会的整体规模这一指标，仅用理事会规模来衡量网络规模，再进行实证检验，具体结果见表5.14，可以看到主要结果依旧保持不变。

表5.14 内生性检验（二）

变量	科技传播 Sspre	科技服务 Sserv	治理有效性 Geffe
Nscal	0.1752*** （4.89）	0.1750*** （2.92）	0.1613*** （4.59）
Age	0.0022*** （4.66）	0.0006 （1.00）	0.0017*** （3.90）
Pboa	0.0459* （1.77）	0.0041 （0.12）	0.0341 （1.41）
Matur	0.1786*** （5.97）	0.1537*** （3.23）	0.1750*** （6.02）
_Con	0.2768*** （7.30）	0.0896* （1.69）	0.2282*** （6.38）
Indust	Control	Control	Control
Year	Control	Control	Control
Adj-R^2	0.5393	0.2148	0.5003
N	573	573	573

注：*、***分别表示回归结果在10%和1%的水平显著。

资料来源：依样本数据整理而成。

本 章 小 结

本章主要围绕结构型社会资本如何影响科技社团治理有效性展开理论分析，并以中国科协下属的全国一级科技社团为研究样本进行实证检验。在探究结构型社会资本对科技社团治理有效性综合影响的基础上，依照结构型社会资本的内涵、层次等内容，将其划分为网络成分、网络规模、网络质量三个方面，分别考察这些细分变量对科技社团治理有效性的各要素的影响。另外，由于我国科技社团正处于社会组织行政型治理转型的过程中，本书首先依照科技社团挂靠单位的组织类型不同，利用行政力量干预强弱作为指标，将其作了进一步分类，研究各类别科技社团的结构型社会资本对治理有效性的作用发挥程度；其次也考虑了社团专业化水平在结构型社会资本对治理有效性影响过程中的调节性作用。主要结论如下：

其一，从实证结果来看，良好的结构型社会资本能够有效促进科技社团治理绩效的实现，并具体表现在网络成分、网络规模与网络质量三个方面。即多元的网络成分能够降低冗余性知识与重复性关系，强化组织信息持有类别的优势，以及提升成员的属性认同感与科技传播的惠及范围；网络规模所反映的结构型社会资本存量能够形成较为稳定的关系状态，并利用丰富的信息桥梁与关系网络，拓宽组织获取资源与影响力半径，为结构内成员与组织本身创造出更多学术交流及同政府、企业间合作的机会；而优质的网络质量能够通过塔顶差距的形成，帮助科技社团构建差序格局与权威关系，并借助资源获取的渠道效应，承接更多政府工作职能的转移，提升科技社团在科技传播与服务上的治理能力。

其二，在治理转型的背景下，一方面较弱的行政干预能够使得科技社团的结构型社会资本发挥自身作用，通过自主运行并以学科自身与会员的实际需求作为治理目标，来提升会员或业界科技工作者的信任程度，实现其科技传播与服务的治理目标。但另一方面，对于挂靠到政府的社团，结构型社会资本同样能够发挥作用。这主要是由于这些科技社团处于"体制内"，因政治关联与挂靠关系往往使得双方形成"基础信任"，政府将职能项目转移给这些学会，可以实现整个过程的有效控制，一旦出现问题也容易追责。与此同时，政府将这些项目转移给相关联的组织，也能够实现"政绩共享"，以达到一种所谓的"强互惠关系"。这一结果恰巧暴露了当前我国政府在治理转型过程中所存在的问题，即行政力量干预会导致科技社团承接政府职能转移过程中的不公平竞争，或者说是一种"虚假转移"。从组织角度，短期内容易对社团形成立竿见影的"假象"，本书的相关结果显著便说明此问题，从长期角度来看这种行为容易进一步削弱组织的专业化能力，反而不利于社团改革，也钳制学会"脱钩"的积极性。这也反映出社会资本的作用并非均是积极的，在不同的制度与结构下，往往会使其发生变质，成为组织治理改革的羁绊。此外，在治理转型的背景下，积极提升科技社团专业化程度，如引入专职秘书长等行为，也能够积极调节结构型社会资本对治理有效性的影响。

第六章

认知型社会资本对科技社团治理有效性的影响

第一节 理论分析与假设提出

一、认知型社会资本与治理有效性

从社会资本理论中的制度视角来看,认知型社会资本是指特定结构范围内为成员所共享的规范、态度与信任,其在认知的过程中形成,被意识与文化所强化,并且有助于成员之间采取彼此互惠的共同行为(Paxton,1999;Uphoff & Wijayaratna,2000)。进一步分析,Nahapiet(1998)认为认知型社会资本主要包括共享语言与信息编码、共同愿景、价值观等要素,是指群体内成员间是否有相似的记忆,相互共享与认同的行为规范;Lindstr 与 Mohseni(2009)、李春浩与牛雄鹰(2018)等进一步补充到,认知型社会资本也集中体现着成员之间的"人际信任",并通过稳定且持续的互动,不断强化这一信任行为。而对于认知型社会资本所表现出的价值观、信任、集体行动、互惠行为、归属感等特征,也得到世界银行的认可,并作为其衡量认知型社会资本的重要工具(Grootaert & Bastlaer,2002)。

总体来看,认知型社会资本主要包含特定结构内成员之间彼此认同的认知语言、认知规范以及日常的认知互动这三个维度。正是由于认知型社会资本所具备的这些特质,使得认知型社会资本对公共治理的制度空间、制度成本带来较大影响,诸如促进有效沟通与参与的实现,确保规则与契约的执行,降低官僚化制度安排的高额成本等(李文钊、蔡长昆,2012);而社团成员若能从规范中获取所期望的一整套价值观,信任也得以产生与加强(Fukuyama,1995);另外,认知型社会资本也能够促使组织内部知识、信息实现共享,激发成员新想法、新思路的产生,这对于组织开展创新活动具有重要的推动作用(Song,2006;朱慧、周根贵,2013)。

从上文分析来看,一方面,科技社团治理有效性的核心体现在于能否在组织内高效实现科学知识的传播与服务,对于具有同样兴趣爱好、学科与专业背景相似的会员而言,科技社团相较于其他类型的组织在认知型社会资本的存量行程中,往往具有先天性的优势,较少出现"隔行如何隔山"的沟通与认知壁垒,成员间彼此沟通的语言、行为规范、价值观也因此普遍趋同。另一方面,认知型社会资本能够强化组织信息传播、提升成员创新意识,也主要是由于组织成员能否展现出对合作共赢的良好认知与外倾型的人格特质(熊艾伦、蒲勇健,2017)。此外,对于加入社团的成员与组织本身而言,往往会展现出"会员逻辑",即会员之间展现出较高的互惠互利的行为期望与亲社会倾向,组织本身也能通过为会员积极提供优质与广泛的服务换取进一步支持,提升集体运作效率(郑江淮、江静,2007)。从治理目标、组织特质来看,科技社团认知型社会资本对于组织治理有效性同样能够产生重要影响,其意义甚至超过一般性的营利性组织。综合以上分析,本章提出以下假设:

H1:科技社团良好的认知型社会资本会提升组织的治理有效性。

认知型社会资本也是一个复杂性的概念,表6.1分析与整理了当前典型文献关于认知型社会资本常用的衡量指标。虽然相较于结构型社会资本而言,认知型社会资本更不容易解释,研究角度也多种多样(熊艾伦、蒲勇健,2017),但本书发现这些衡量变量多向着认知语言(共同愿景)、认知规范与认知互动三个维度收敛。基于此,下文也将依照这三个维度对其影响路径作进一步理论分析。

表6.1 认知型社会资本测量指标汇总表

具体衡量指标	代表性文献
信息共享与共同愿景	Nahapiet & Ghohal(1997);Lin(2001);Subramaniam & Youndt(2005);Leana & Pil(2006);戴勇等(2011);邵安(2016)。
规范与合作	Nahapiet & Ghohal(1997);赵延东等(2005);Leana & Pil(2006);陈建勋等(2008);郑海涛等(2011);裴志军(2018)。
信任与交流互动	Fukuyama(1995);Yli(2002);Subramaniam & Youndt(2005);赵延东等(2005);Yanga & Farh(2009);邱伟年等(2011);戴勇等(2011);裴志军(2018)。

二、认知语言与治理有效性

本书所指的认知语言是对 Nahapiet（1998）所提出的"共享语言与信息编码、共同愿景、价值观"的综合性概述，因为彼此能够相互沟通、理解、认同的语言是组织进行信息编码、构建共同愿景、价值观提炼的前提与外在体现。从社会资本理论来看，特定结构下成员间所认同以及相对独特的语言，能够提供个体间的网络联系，影响组织成员获取信息的能力与效率，也为正式与非正式互动创造基本条件（巴克，1984；庄玉梅，2015），能够直接影响组织内个体"信任半径"的长短，这也必然对组织治理有效性产生重要影响，甚至被视为治理实现的工具选择（王刚、宋锴业，2017）。而认知语言的抽象维度——共同愿景与价值观，是作为社会共同体通过相互沟通与交往在观念上对某类价值形成的认可和共享（汪信砚，2002），集中体现着共同体内成员对组织的承诺与态度，也是对组织隐形契约的体现，能够不断激活组织的价值效应。当成员对组织价值观具有较高认同度时，其归属感与组织承诺也会较高（Edwards & Cable，2009），并且表现出积极参与组织事务的意愿与创造力，建言行为也会呈现上升态势（马贵梅等，2015）。这些直接影响成员参与组织的学术活动、科普讲座、科技成果推广等各类活动的积极性与态度，甚至可以说价值认同是有效治理实现逻辑的先决条件（王刚、宋锴业，2017）。从另一个角度来讲，组织宗旨、价值观等也是组织治理理念的集中体现（王卓君，2011），而治理理念作为治理行为的基本逻辑表达，反映着组织对其使命与运行规律的客观认知，以及对基本治理目标的追求。

在科技社团之中，科技工作者往往是自愿融入科学共同体内的，在缺乏物质激励的前提下，相较于营利性组织而言，其对组织价值观的认同及其情感上的承诺会表现得更为明显。这在客观上促使学会需要有明确、可辨析的组织宗旨吸引科技工作者的加入，以起到凝聚资源与人心、引导组织战略与发展的重要作用。而科技社团的会员往往具有专业背景相似、兴趣相同的先天性特征，使得其在日常沟通过程中也具有明显优势，甚至在进行日常学术传播与服务的过程中，采用具有高度抽象性的术语。如科技社团往往会依照学科具体专业的不同划分不同的专业委员会，这将进一步优化认知语言的沟通环境与传播范围，搭建起彼此共识的认知空间，极大地提高信息与知识共享、查询与服务的能力，增加了成员间关于专业观点碰撞的可能，也强化了彼此联系的效率与决策的科学性（杨杰，2015），以及组织本身的凝聚力与创造力（钟碧忠，2010），从而降低交易成本。综合以上分析，本章拟采用科技社团组织是否有明确组织宗旨、会徽（图形化的组织治理目标与价值传递），以及是否依照学科特点划分专业委员会对认知语言进行综合衡量，并提出如下假设：

H2：在认知型社会资本中，科技社团专业且规范的认知语言会对组织的治理有效性产生正向影响。

三、认知规范与治理有效性

当然，仅有认知语言、组织承诺与成员的契约性关系是不够的，还需要借助"法言法语"对个体行为的合意、共识、妥协等进行技术加工与规范化处理，使其具有可比性、规范性与可沟通性（季卫东，2014），特别是制度规范等顶层设计，对于提升治理有效性具有重要"拉动"作用（李维安，2016）。具体来看，社团的规范、制度是组织内在秩序整合力量，也是组织实现自治的核心依据，因其承载着组织内部权、责、利的实施与运行，是社团成员基于信任与共识而生成的对内在"承认规章"的集中认同（季卫华，2016）。这其中既有各利益相关方通过其权利与义务的确定力，划清多元主体的治理边界，推动组织权力展现出"公共性格"（徐靖，2014）；也有开展控制、激励与惩罚的说服力，因拒绝规范的履行便容易导致个体与社团之间契约与承诺作用的弱化，进而影响成员身份的确认，严重时甚至丧失资格（Cotterrell，1984），这一点在前文中所提到的"社会驱逐"机制中也得以印证。

此外，社会团体在认知上的规范也是其内部秩序的"型构力"（Hayek，1978），塑造与强化会员的亲社会行为与个人理性行为，提升个体公共精神和自律意识。这些因素与作用力往往会形成一股合力，对社团治理有效性产生重要影响：首先，社团内部的规范作为内生性规则，能够借助成员间的协同合作与多元博弈，凝聚治理主体的共识，期间也能够不断激发社团自我规范、自我治理、民主协商等能力与价值的加强；其次，无论是公法还是私法，均能够产生有效的"交涉性关系"（罗豪才、宋功德，2011），社团的规章制度等认知性规范，能够使得社团权力关系的形成、更迭并非仅仅是社团本身，甚至是组织内某个权力主体，是社团、会员、政府（行政主管机构）等各利益相关者共同作用的结果，这将在极大程度上保证权力分配的均衡与合理；最后，认知型社会资本也能够在组织内部促进"公民美德"与"横向监督"的形成，特别是对于组织内的精英产生较强的约束性作用，抑制其机会主义或者不履职行为的发生，强化行业自律行为的产生，进而提升社团治理效率（Bowles & Gintis，2002；康丽群、刘汉民，2015）。当然，社团的认知规范也能够平衡治理主体的利益，强化社团治理的内在合法性与民主合法性的形成（季卫华，2016）。

  认知规范对治理有效性的影响在科技社团内也有具体体现，如当前我国科技社团实现"脱钩"的典型代表——中国计算机学会，其秘书长杜子德在谈及治理改革成功经验的过程中，便着重强调组织规范与制度构建的重要性。他指出"规章制度的构建是学会发展的'法律'保障，是实现治理改革的制度基础，能够有效规范理事、会员、行政人员等主体的行为"，为此计算机学会从2004年4月至2015年6月期间，共颁布了17部组织章程，涵盖章程、理事会选举条例、会议组织条例、王选奖条例等学会运行的各个领域。他还进一步说明"有了制度还需要认真贯彻与执行，以保证制度规范的公信力与严肃性，有了制度不执行还不如没有"，"制度还需要依照各类环境、学会发展及时进行修订，我在任期间相关章程便修改了15次"[1]。由此来看，社团不仅需要构建较为完善的制度体系，同样也需要及时进行修订、更新与执行，保证其制度本身的合理性、公正性与权威性，实现基于规范的信任（Rademakers，2000）。此外，从社会资本理论的角度来看，组织规范的核心内涵不仅在于构建起权威关系，也需要有相应的监督控制，使得单个自然人间的特殊信任能够转化为对整个组织的认同与系统信任，也能确保互益类组织自治权的实现（李学兰，2012）。因此，对认知规范的衡量不仅需要考虑

---

[1] 资料来源：依据中国计算机学会秘书长杜子德在2017年科技社团改革发展理论研讨会上的公开演讲材料整理所得。

制度构建,还需要控制与监督的实施,确保制度的贯彻执行,抑制机会主义行为的发生,强化社团本身的公信力与会员组织承诺的有效履行。从实际情况与数据的可获得性角度出发,本书将采用学会是否设置司库或监事会进行衡量。综合以上分析,本章提出如下假设:

H3:在认知型社会资本中,科技社团良好的认知规范会对组织的治理有效性产生正向影响。

四、认知互动与治理有效性

自组织理论认为,第三部门既不是像层级治理那样构建在权力关系上,也不是如市场治理那样建立在利益关系上,而是构建在因共同事业、共同兴趣与认同,甚至是情感等而建立起的信任关系上(Granovetter,1985)。前文已多次论证,信任作为重要的社会资本对科技社团治理有效性产生重要影响,如促进合作与协调行动、抑制道德风险、形成强互惠关系等,此处不再赘述。需要强调的是,影响信任的关键因素在于双方的"互动",包括互动时间长短、互动频率、亲密度等要素(Granovetter,1973)。从认知角度来看,这一信任是利用语言作为认知工具,规章制度创造沟通条件(如绝大部分科技社团均会在组织章程中规定,每年至少召开一次理事会、每半年至少召开一次常务理事会等),通过彼此间的互动来实现信任的分享与交流。在互动的过程中,要强化成员之间、成员与组织之间的信息与利益共享,预防因个体利益与目标的双重性使个体冻结对自己有利的社会结构与认知方式,从而导致病态社会资本的累积(Ibarra,2005)。特别是对于科技社团而言,往往具有明显的"马太效应",学会中关键的少数人,如学术大家往往容易把持学会的核心资源,忽视众多科技工作者的一般利益诉求,容易走向"贵族化"或"小众化"的道路,从而抑制科技服务与科技传播的范围。这使得科技社团能否反映会员心声,代表整体成员的利益,同一般性会员或科技工作者保持良性互动,使学会能够真正将个体信任上升为集体信任,回归互益类组织治理的基础与本质,变得尤为重要。此外,对于互动性的社会资本也能够强化信息披露机制的发挥,这相当于在关系网络中引入一个监督成本很低的第三方

(信任关系),不仅可以监督组织经营者尽职运行,也能提升组织的开放程度,低成本地获取相关真实信息(康丽群、刘汉民,2015)。

事实上,借助协会服务论角度来看也会得到相似的结论:协会若能有效地同会员进行及时互动,较好地满足会员的利益诉求,解决会员之间的矛盾及所遇到的问题,就能够显著提升协会的影响力、吸引力与归属感,获取更为广泛的会员的支持,进而使得协会的组织信任得到提高(石碧涛、张婕,2011)。因而,本书拟采用科技社团能否向政府及时反映会员意见来衡量该指标。当然,科技社团同会员或科技工作者之间的互动形式也是多种多样的,如对会员开展专业技能的培训;会员因专业与兴趣爱好加入社团,其重要动机便在于能进一步强化自身的专业水平、具有排他性地及时获取业内信息。科技社团对这一需求的有效回应往往会提升自身的会员满意度水平与社会声誉,为此,法国工程师和科学家全国委员会甚至专门设置会员培训委员会。此外,结合组织属性的特殊性,本书还将科技社团是否设置奖励纳入认知互动的衡量范围。科技社团设置某一学科领域内的奖项,是在"同行承认"激励机制下对杰出成员科研成果的正向反馈与肯定。从默顿科学社会学角度出发,科学共同体内的奖励本身便是该系统内规范之一,对科技工作者研究成果优先权、独创性的认可,更是科学体系内普遍认同的价值观(Merton,1979)。除了能够有效提升获奖者的学科使命感外,更为重要的是奖项的获得也能向外界传递积极的信号与价值导向,形成组织与科技工作者、公众等多方利益相关者间的互动效果,产生榜样的力量,强化学会成员科技服务与科技传播的意愿与积极性。基于此,本章提出以下假设:

H4:在认知型社会资本中,科技社团高质量的认知互动会对组织的治理有效性产生正向影响。

综合以上分析,图6.1将认知型社会资本及其各要素对科技社团治理有效性影响的具体作用路径进行汇总。

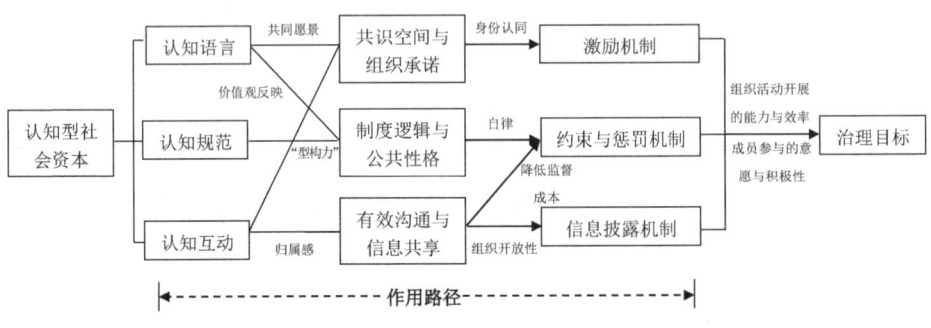

图 6.1 认知型社会资本作用机制的路径图

第二节 研究设计

一、样本选取

由于涉及科技社团治理有效性的相关检验，为保持数据的前后一致性与可比性，本章数据的选取同样以中国科协编制的2016—2018年《中国科学技术协会：学会、协会、研究会统计年鉴》为数据主要来源，在获取社团会徽、组织宗旨方面的数据时，则结合科技社团的组织章程、官方网站等渠道。以上数据均为手工整理完成，并以中国科协主管的国家一级科技社团为主要研究样本，剔除掉核心指标缺失值或统计不完整的学会，确定每年参考有效样本191家，三年共计573个观测值。此外，为减少极值或异常值对实证结果的干扰，本书对连续型自变量与因变量均采用1%分位的缩尾处理。

二、变量的定义与模型构建

（一）变量的定义

上节在对假设提出的理论分析过程中，已通过相关理论、实例等方式对认知型社会资本在衡量过程中所需要的变量进行说明与分析，总体上仍旧秉持变量定义的全面性与可获取性原则，并充分考虑到科技社团治理特征与组织属性，社会资本衡量过程的复杂性，需从多维角度进行测度等因素。本章仍旧以治理有效性（$Geffe$）作为被解释变量，包括科技传播（$Sspre$）与科技服务（$Sserv$）；而解释变量中认知型社会资本（$Rcap$），则通过认知语言、认知规范与认知互动三个维度进行衡量。进一步来看，认知语言（$Rlan$）概念相对宽泛，在广义角度包括会徽设置、组织宗旨与科技社团专业委员会的设置；认知规范（$Rnor$）通过组织章程的设置情况、章程是否在近五年内修订、是否设置司库或监事会三个分指标进行量化处理；认知互动（Rinte）则以是否为科技工作者设置奖励、反映科技工作者意见、是否组织会员培训三个分指标作为衡量标准。以上变量除会徽设置、组织宗旨外均采用 0-1 变量赋值法。在会徽设置的赋值中，采用若该社团明确设有会徽，且对会徽的内涵、图形等进行详细解释的记为 2，有会徽但未对其进行说明的记为 1，没有会徽的记为 0；对于组织宗旨而言，本书以民政部颁发的《社会团体章程示范文本》为参考蓝本，能够以该示范文本为基础，准确、简洁地表达社团使命的记为 2，直接套用该范文宗旨表达的记为 1，没有章程的记为 0。

同样，为统一变量量级，方便进行计算，本书采用中国上市公司治理评级体系的处理方法（南开大学公司治理研究中心公司治理评价课题组，2003），以指标的平均值为参照，由专家统一进行分组赋分。由于指标的选取均为综合性指标，具体权重采用 AHP 法。控制变量从科学史综合论角度，主要考察学会发展的成熟度，并选取组织年龄（Age）、省级同名学会个体会员数（Matur）以及是否设置专门委员会（Pboa）这三项为衡量指标。此外，考虑到数据的面板性质，本书引入年度与行业为虚拟变量。行业划分采用中国科协的划分方法，即分为理科、工科、医科、农科与交叉学科五类，具体变量定义见表 6.2。

表 6.2 各类变量的定义

变量类型	变量名称	变量符号	变量描述
被解释变量	治理有效性	Geffe	由科技传播、科技服务两项分指标组合，权重综合问卷结果与 AHP 法。
	科技传播	Sspre	由科普惠及人数、杂志综合影响因子、科技期刊印刷数量、参与国内与国外会议的科技工作者数量，五项分指标组合，权重综合问卷结果与 AHP 法。
	科技服务	Sserv	由是否开展科技评估、决策咨询、科技成果推广三项分指标组合，权重综合问卷结果与 AHP 法。
解释变量	认知型社会资本	Rcap	由认知语言、认知规范、认知互动三个分指标组合，权重采用 AHP 法。
	认知语言	Rlan	由会徽设置、组织宗旨、专业委员会设置三个分指标组合，权重采用 AHP 法。
	认知规范	Rnor	由组织章程、章程是否在近五年内修订、是否设置司库/监事会三个分指标组合，权重采用 AHP 法。
	认知互动	Rinte	由是否为科技工作者设置奖励、反映科技工作者意见、是否组织会员培训三个分指标组合，权重采用 AHP 法。

（续表）

变量类型	变量名称	变量符号	变量描述
调节变量	自媒体	Smed	由学会是否设置官方微信平台与微博账户两个分指标组合，权重采用 AHP 法。
	结构型社会资本	Scap	由学会的网络规模、网络成分与网络质量三项分指标组合，权重采用 AHP 法。
控制变量	组织成立年限	Age	从组织成立之日起，到数据统计时年代间隔。
	专门委员会	Pboa	虚拟变量：设置 -1；未设置 0。
	学科成熟度	Matur	由省级同名学会个体会员人数作为替代变量衡量，为统一量纲，比依照平均数区间进行专家赋值。

（二）模型构建

依据文章假设、相关定义，本书构建以下回归模型（6.1）～（6.4）：

$$Geffe(Sspre/Sserv) = \beta_0 + \beta_1 Rcap + \beta_2 Age + \beta_3 Pboa + \beta_4 Matur + \sum Indus + \sum Year + \varepsilon \quad (6.1)$$

$$Geffe(Sspre/Sserv) = \beta_0 + \beta_1 Rlan + \beta_2 Age + \beta_3 Pboa + \beta_4 Matur + \sum Indus + \sum Year + \varepsilon \quad (6.2)$$

$$Geffe(Sspre/Sserv) = \beta_0 + \beta_1 Rnor + \beta_2 Age + \beta_3 Pboa + \beta_4 Matur + \sum Indus + \sum Year + \varepsilon \quad (6.3)$$

$$Geffe(Sspre/Sserv) = \beta_0 + \beta_1 Rinte + \beta_2 Age + \beta_3 Pboa + \beta_4 Matur + \sum Indus + \sum Year + \varepsilon \quad (6.4)$$

第三节 实证分析

一、描述性统计结果

表6.3给出了研究样本的描述性统计分析结果,包括变量均值、标准差、最大值与最小值等。认知型社会资本(*Rcap*)的均值得分为0.5903,较结构型社会资本略低,其中最小值为0,最大值为0.9744,反映出我国科技社团在该类社会资本上存在明显差异;在三个分指标中,得分最高的是认知语言(*Rlan*),平均得分为0.7698,其次是认知互动(*Rinte*),平均得分为0.5413,得分较低的是认知规范(*Rnor*),平均得分只有0.5045。对于三个分指标而言,其最小值均为0,最大值为1。而认知互动则在我国科技社团内存在差异性较大,标准差值达到0.3152,其中位数0.7279与均值偏差较大也能够进一步说明该问题,反映出积极同会员之间进行互动仍需扩大范围深入推广。由于所选取的样本同上文保持一致,我国一类科技社团平均年龄(*Age*)为44.88、约有83.77%的社团设置了专门委员会(*Pboa*)、学科成熟度(*Matur*)均值为0.6360。具体内容详见表6.3。

表6.3 描述性统计结果

变量	均值	中位数	标准差	范围	最小值	最大值
Geffe	0.5535	0.5314	0.1765	0.7783	0.2217	1.0000
Rcap	0.5903	0.5885	0.1700	0.9744	0.0000	0.9744
Rlan	0.7698	0.7609	0.1812	1.0000	0.0000	1.0000
Rnor	0.5045	0.5118	0.2030	1.0000	0.0000	1.0000
Rinte	0.5413	0.7279	0.3152	1.0000	0.0000	1.0000
Smed	0.4138	0.3158	0.3577	1.0000	0.0000	1.0000
Age	44.8761	37.0000	22.4798	106.0000	4.0000	110.0000
Pboa	0.8377	1.0000	0.3691	1.0000	0.0000	1.0000
Matur	0.6360	0.6000	0.2767	0.8000	0.2000	1.0000

资料来源:依样本数据整理而成。

同上文关于行政力量干预强弱的分类方法进行分组描述统计分析详见表6.4。可以看出，行政干预力量最弱的组别，认知型社会资本得分最高为0.6583，特别是在认知语言与认知互动方面，明显优于其他两个类别，且样本间差距最小；其次是挂靠到政府单位的科技社团，其认知型社会资本得分为0.6079，而挂靠到事业单位的科技社团在组织内统一价值观、规范组织制度、强化会员互动等方面表现较弱，得分仅为0.5631，且学会间的差距较大，标准差值达到了0.1782。这在一定程度上反映出弱化政府行政干预力量、提升社团自主运营能力的重要性。

表6.4 按挂靠单位不同进行的描述性统计分析

变量	挂靠单位为政府机构 N=114 均值	标准差	挂靠单位为事业单位 N=333 均值	标准差	挂靠单位为企业、协会或脱钩 N=96 均值	标准差
Geffe	0.5978	0.1844	0.5138	0.1606	0.6277	0.1751
Rcap	0.6079	0.1527	0.5631	0.1782	0.6583	0.1422
Rlan	0.7936	0.1620	0.7350	0.1889	0.8548	0.1454
Rnor	0.5213	0.1731	0.4859	0.2105	0.5441	0.2121
Rinte	0.5544	0.3236	0.5094	0.3110	0.6322	0.3004
Smed	0.4406	0.3303	0.3572	0.3533	0.5697	0.3648
Age	50.5208	28.7716	41.9910	19.6192	46.4167	19.2768
Pboa	0.7917	0.4075	0.8739	0.3325	0.7813	0.4156
Matur	0.6889	0.2856	0.5808	0.2590	0.7479	0.2757

资料来源：依样本数据整理而成。

二、多元回归结果

本书对以上假设进行回归分析，考虑到自变量可能涉及多重共线性问题，本书还进行了方差膨胀因子 VIF 的检验，发现主要自变量的 VIF 平均值在1.06至1.52之间，显著小于10的临界点，说明相关模型回归时，不存在较为明显的多重共线性问题。首先，从表6.5可以看出对于我国科技社团而言，认知型社会资本的确能够显著影响到组织的治理有效性（相关系数为正，且在1%分为显著），即规范且良好的认知型社会资本能够对我国科技社团在科技传播与科技服务中产生积极的作用，推动组织实现治理目标，提升其治理有效性水平。

表 6.5 科技社团认知型社会资本与治理有效性的回归结果

变量	科技传播 Sspre	科技服务 Sserv	治理有效性 Geffe
Rcap	0.2072*** (4.71)	0.4480*** (6.30)	0.3029*** (7.21)
Age	0.0022*** (4.69)	0.0006 (1.04)	0.0017*** (3.98)
Pboa	0.0335 (1.23)	−0.0348 (−1.03)	0.0102 (0.41)
Matur	0.1655*** (5.44)	0.1085** (2.31)	0.1494*** (5.18)
_Con	0.2856*** (7.41)	0.0086 (0.17)	0.1941*** (5.49)
Indust	Control	Control	Control
Year	Control	Control	Control
Adj-R^2	0.5169	0.2475	0.5084
N	573	573	573

注：**、*** 分别表示回归结果在 5% 和 1% 的水平显著。

资料来源：依样本数据整理而成。

进一步来看各项分指标的影响情况，表 6.6 是科技社团认知语言与组织治理有效性的多元回归结果。可以发现，良好的认知语言能够积极影响学会的治理有效性水平，且达到了 1% 显著性水平。这说明优质的认知语言系统与环境，能够促使社团内会员提升相互理解与沟通的便捷性，保持较高的价值认同感，从而强化个体会员对组织的承诺与积极态度，有效凝聚资源与人心，不断搭建起组织与会员、会员之间的共识空间，提升会员的归属感与自我认同，使其无论在科学共同体内还是面对政府、公众等利益相关者，均能调动自我的积极性，高效实现科技服务与传播，提升科技社团的治理有效性水平。

表 6.6 科技社团认知语言与组织治理有效性的回归结果

变量	科技传播 Sspre	科技服务 Sserv	治理有效性 Geffe
Rlan	0.2666*** (4.46)	0.1340* (1.79)	0.2280*** (4.09)
Age	0.0021*** (4.23)	0.0006 (0.93)	0.0016*** (3.54)

(续表)

变量	科技传播 *Sspre*	科技服务 *Sserv*	治理有效性 *Geffe*
Pboa	0.0325 （1.15）	0.0018 （0.05）	0.0232 （0.88）
Matur	0.1638*** （5.37）	0.1628*** （3.36）	0.1640*** （5.50）
_Con	0.2102*** （4.21）	0.0964 （1.54）	0.1767*** （3.80）
Indust	Control	Control	Control
Year	Control	Control	Control
Adj-R²	0.4918	0.1873	0.4505
N	573	573	573

注：*、*** 分别表示回归结果在 10% 和 1% 的水平显著。

资料来源：依样本数据整理而成。

表 6.7 显示了科技社团认知规范与组织治理有效性的多元回归结果。可以看出，从总体上来看，科技社团良好的规章制度体系与监督机制，能够有效整合社团内的相关秩序与力量，使得成员间达成应有的服务与参与共识，形成"基于制度的信任"，进而提升社团治理的有效性，并且在 1% 分位上显著。但进一步研究发现，该治理有效性更多地体现在科技传播上，而在科技服务过程中，这一效果并不明显（尚未达到 10% 以内水平上的显著）。这主要是由于当前我国科技社团在认知制度的制定上仍旧停留在相对传统的学术交流与科普活动上，如中国计算机学会、中国公路学会等均专门设立《学会学术活动组织条例》《学会期刊管理办法》等一系列制度体系；但在如何承接政府职能转移、为企业提供科技决策等方面的制度体系普遍匮乏，并未建立起明确的权利与义务，会员也因此缺乏该方面行为的服务精神与自律意识。

表 6.7 科技社团认知规范与组织治理有效性的回归结果

变量	科技传播 *Sspre*	科技服务 *Sserv*	治理有效性 *Geffe*
Rnor	0.1289** （2.55）	0.0985 （1.60）	0.1197*** （2.56）
Age	0.0023*** （4.65）	0.0007 （1.10）	0.0018*** （3.94）

（续表）

变量	科技传播 Sspre	科技服务 Sserv	治理有效性 Geffe
Pboa	0.0450 （1.56）	0.0045 （0.13）	0.0329 （1.23）
Matur	0.1741*** （5.66）	0.1706*** （3.56）	0.1741*** （5.82）
_Con	0.3227*** （7.95）	0.1406*** （2.81）	0.2693*** （7.15）
Indust	Control	Control	Control
Year	Control	Control	Control
Adj-R^2	0.4641	0.1857	0.4283
N	573	573	573

注：**、*** 分别表示回归结果在5%和1%的水平显著。

资料来源：依样本数据整理而成。

表6.8反映了科技社团认知互动与治理有效性的多元回归结果。可以发现学会通过与会员或科技工作者进行有效互动，能够强化彼此的信息与利益共享，提升会员与组织的专业素养与能力，加强会员的组织参与度与归属感，进而形成较强的互惠关系，激发组织成员积极融入科技传播与科技服务的过程中，从而对科技社团治理有效性带来积极的影响。

总体来看，本章所提到的假设H1～H4，均得到有效证实。

表6.8 科技社团认知互动与治理有效性的回归结果

变量	科技传播 Sspre	科技服务 Sserv	治理有效性 Geffe
Rinte	0.0531*** （3.29）	0.2199*** （7.20）	0.1006*** （6.35）
Age	0.0023*** （4.76）	0.0007 （1.16）	0.0018*** （4.12）
Pboa	0.0477* （1.76）	−0.0220 （−0.68）	0.0270 （1.11）
Matur	0.1785*** （5.86）	0.1188*** （2.61）	0.1649*** （5.73）
_Con	0.3514*** （9.96）	0.1257*** （2.91）	0.2848*** （8.95）
Indust	Control	Control	Control
Year	Control	Control	Control

（续表）

变量	科技传播 Sspre	科技服务 Sserv	治理有效性 Geffe
$Adj\text{-}R^2$	0.4883	0.2756	0.4923
N	573	573	573

注：*、*** 分别表示回归结果在 10% 和 1% 的水平显著。

资料来源：依样本数据整理而成。

第四节 大科学时代背景下的进一步分析

一、理论分析、假设提出与模型构建

当前,我国科技社团正处于大科学时代,除科学研究与创新、科学传播与服务高复杂性与系统性外,其参与主体也具有开放性与协同性的特征(张新国、向绍信,2014)。这就要求各研究单位或科学共同体能够依照不同的研究项目,突破个体空间束缚,及时有效地搭建起动态性联盟,通过信息网络实现统一协调与资源高速调配变成为必然性选择。在大科学时代背景下,信息网络也的确能够实现多元治理主体的利益耦合与协调,特别是自媒体的出现,往往能够形成"小世界"与偏好链接,及时回应与满足多元化需求(范如国,2014),发挥着信息披露与共享机制的作用,推动内部成员之间、成员与社团、政府、公众等利益相关者间的信息传播、联系与合作。这实际上拓宽了社会资本的应用半径,为信息共享与回传、信用数据挖掘、信用主体联系等提供基础的支撑与可能,也降低了交流的成本(李文钊、蔡长昆,2012),从中微观角度来看,能够进一步提升组织治理的有效性。相反,若在大科学时代下,未能提供有效的网络系统与支持、搭建起有效的公共组织平台,往往会使得科技传播主体陷入相对封闭的状态,弱化认知型社会资本的作用,难以激发科技创新与传播的活力。调查显示,民间科技组织在科技传播与研发过程中效果不佳,有 40.7% 的科研人员反映是由于交流方式滞后、交流渠道较少(黄友直,2011)。

自媒体作为网络传播途径的重要方式之一,影响甚至改变着组织本身及其内部个体的认知型社会资本,包括信息编码方式、互动渠道、价值认同内容等。首先,自媒体能够将组织的信息编码实现"节点化",从空间与时间角度而言,推动各类信息编码的内容能够个性化、及时准确地传递给受众目标

第六章 认知型社会资本对科技社团治理有效性的影响

(邓莉,2016)。这对于会员规模庞大且松散、治理柔性的科技社团而言,能够有效克服以往纸质传播或网页传播的困境,如通过微信公众号、微博官方平台等方式,能够将社团动态、发展详情等及时、准确地传递给会员,提升会员对组织的熟识程度,实现信息与价值共享与认同。这有利于社团会员监督行为的发生,规范组织日常运作,实现"由下而上"的社团治理逻辑,进而降低监督成本,防范社团可能发生的治理风险。其次,自媒体更是改变了治理主体间的认知互动方式与频率,信息接收方不再是简单且被动的信息获得者,而是能够通过评论、研讨等方式参与该信息的生产,从而反馈给信息传播方,实现彼此的交互影响。这往往能够激发科技信息的创新意识与服务能力,实现科技传播与生产相统一(张佰明,2010)。例如,中国公路学会便通过微信点赞与留言、微博转发与投票等方式同会员之间展开频繁且有效的认知互动,实现态度与认知表达,甚至逐步探索网络投票来提升普通会员参与组织治理的积极性,又如,美国化学学会为会员与化学"发烧友"搭建了专属的线上网络社区,及时更新化学前沿领域研究的最新动态、相关会议信息等,方便注册成员及时获取与讨论,提升成员对组织的信任程度与归属感、自身学科身份的认同感。最后,自媒体"零门槛"的信息传播方式,简化了传统特定程序的专业审查与编辑,降低了传播主体间的认知偏差与信息流失。当然,这是一把"双刃剑",在有效降低传播成本的过程中,也往往会带来虚假信息、谣言等内容的传播,干扰利益相关者对科学知识的认知与理解,需要权威性组织发布权威、准确信息进行辟谣,统一在相关科学知识认知方面的价值认同,而这恰是科技社团的治理目标之一——科学普及,对于社团在社会影响力、知名度、科技传播与服务能力等方面均有重要影响。

结合我国自媒体(Smed)发展实情,本书采用该科技社团是否设置官方微信平台与微博账户进行测度。2017年微信与微博的月活跃用户已分别达到9.81亿与3.62亿,成为当时中国最为重要的主流自媒体。在具体赋值过程中,若该科技社团设有官方微信平台账号,且能在30天内及时更新信息,记为2;有官方微信平台账号,但更新不及时记为1,没有官方微信平台账号记为0;而微博账号,则采用0-1赋值,既有官方微博账号的记为1,否则为0。综上分析,本章提出如下假设:

H5：在大科学时代背景下，科技社团自媒体运营能力越高，认知型社会资本对组织治理有效性的影响越大。

依据文章理论假设、相关变量，本章也对该假设构建以下回归模型（6.5）：

$$Geffe(Sspre/Sserv) = \beta_0 + \beta_1 Rcap + \beta_2 Age + \beta_3 Pboa + \beta_4 Matur + \beta_5 Smed + \beta_6 Smed*Rcap + \sum Indus + \sum Year + \varepsilon \quad (6.5)$$

二、多元回归结果

如表 6.9 所示，在大科学时代背景下，信息网络能够实现多元治理主体的利益耦合与协调，微信与微博等自媒体通过偏好链接能够积极回应多元化需求，发挥信息披露与共享机制的作用，推动认知型社会资本的应用半径，缓解科技社团因会员规模庞大且松散所带来的认知与熟识程度不深等弊病，提升组织对会员个性化的服务能力。同时，科技社团的会员通过自媒体关注组织发展动态，也能够实现"由下而上"的监督逻辑，规范会员及组织的行为。更为重要的是，我国科技社团可以利用微信、微博等自媒体，借助点赞、关注、评论、转发等方式，实现同会员间的有效互动，及时准确地了解会员对科技社团当前的会议活动、学科当前关注的主题、组织动态与决策等内容的真实想法，加强彼此之间的了解，减少认知偏差与信息流失，推动信息的及时披露与传播，强化认知型社会资本对科技社团治理有效性的影响。因此，原有假设 H5 成立。

表6.9 科技社团认知型社会资本、自媒体与治理有效性的回归结果

变量	治理有效性 Geffe	治理有效性 Geffe	治理有效性 Geffe
Rcap	0.3029*** (7.21)	0.2834*** (6.66)	0.1822*** (3.01)
Smed		0.0624** (2.52)	−0.0898 (−1.28)
Rcap*Smed			0.2548** (2.32)

（续表）

变量	治理有效性 *Geffe*	治理有效性 *Geffe*	治理有效性 *Geffe*
Age	0.0017*** （3.98）	0.0017*** （4.00）	0.0017*** （3.92）
Pboa	0.0102 （0.41）	0.0105 （0.43）	0.0145 （0.59）
Matur	0.1494*** （5.18）	0.1434*** （4.98）	0.1425*** （4.96）
_Con	0.1941*** （5.49）	0.1867*** （5.31）	0.2404*** （5.72）
Indust	Control	Control	Control
Year	Control	Control	Control
Adj-R²	0.5084	0.5176	0.5165
N	573	573	573

注：**、*** 分别表示回归结果在5%和1%的水平显著。

资料来源：依样本数据整理而成。

第五节　稳健性检验与内生性讨论

一、稳健性检验

为保证结果信度，本书还进行以下稳健性检验与内生性分析。首先，剔除主观赋值的影响，各综合性指标的所有衡量变量均采用加权平均的方法，具体结果见表 6.10 中（1）～（4）。可以看到主要结论保持不变，即认知型社会资本利用认知语言、认知规范与认知互动，综合影响科技社团治理有效性的水平。

表 6.10　剔除 AHP 法的稳健性检验

变量	（1）	（2）	（3）	（4）
Rcap	0.2989*** （7.64）			
Rlan		0.2659*** （4.56）		
Rnor			0.1067*** （2.66）	
Rinte				0.1031*** （6.49）
Age	0.0017*** （4.08）	0.0016*** （3.51）	0.0019*** （4.02）	0.0018*** （4.13）
Pboa	0.0118 （0.49）	0.0233 （0.90）	0.0341 （1.28）	0.0274 （1.14）
Matur	0.1497*** （5.24）	0.1600*** （5.37）	0.1754*** （5.87）	0.1664*** （5.81）
_Con	0.1992*** （5.83）	0.1560*** （3.31）	0.2774*** （7.65）	0.2858*** （9.07）
Indust	Control	Control	Control	Control
Year	Control	Control	Control	Control
Adj-R^2	0.5228	0.4590	0.4300	0.4969
N	573	573	573	573

注：*** 表示回归结果在 1% 的水平显著。

其次，为剔除特定数据或极值数据的干扰，本书采用多次随机样本抽取（数量为总样本的70%）（唐国平等，2013），并进行回归检验，结果均显著，具体结果见表6.11的（1）～（4）。可以看到，结果依旧保持稳健。

表6.11 其他稳健性检验

变量	（1）	（2）	（3）	（4）
Rcap	0.3267*** （6.80）			
Rlan		0.2165*** （3.87）		
Rnor			0.0976** （2.08）	
Rinte				0.1209*** （6.26）
Age	0.0017*** （3.77）	0.0016*** （3.34）	0.0018*** （3.71）	0.0017*** （3.86）
Phoa	0.0086 （0.34）	0.0239 （0.91）	0.0359 （1.34）	0.0253 （1.01）
Matur	0.1698*** （5.24）	0.1965*** （5.89）	0.2111*** （6.30）	0.1849*** （5.74）
_Con	0.2028*** （5.29）	0.1860*** （3.77）	0.2759*** （6.90）	0.2989*** （8.57）
Indust	Control	Control	Control	Control
Year	Control	Control	Control	Control
$Adj\text{-}R^2$	0.5236	0.4801	0.4616	0.5263
N	401	401	401	401

注：**、*** 分别表示回归结果在5%和1%的水平显著。

资料来源：依样本数据整理而成。

二、内生性讨论

为剔除自变量与因变量之间可能存在互为因果的关系，本书将自变量滞后一年进行处理，主要结果见表6.12中（1），仍旧保持稳健。此外，为防止自变量与因变量之间存在自相关问题，本书采用GMM方法进行回归检验，所选用的工具变量为 $Rcap_{t-1}$，具体结果见表6.12中（2），可以看到原有假设依旧在1%水平下显著，并且通过我们对是否存在弱工具变量进行了检验，检验结果见表 6.13，其中 F 值为 1678.37，明显大于 10，且 $Shea$ 值为 0.7951，较大，所以不存在弱工具变量，进一步支持原假设。

表 6.12　内生性检验

变量	（1）	（2）
$Rcap$	0.1984*** （4.35）	0.4356*** （9.82）
Age	0.0015*** （3.34）	0.0014*** （4.36）
$Pboa$	0.0181 （0.71）	−0.0154 （−0.84）
$Matur$	0.2080*** （5.88）	0.2027*** （7.08）
$\_Con$	0.2170*** （5.90）	0.1165*** （5.02）
$Indust$	Control	Control
$Year$	Control	Control
$Adj\text{-}R^2$	0.5220	0.5227
N	382	382

注：*** 表示回归结果在 1% 的水平显著。

资料来源：依样本数据整理而成。

表 6.13　弱工具变量检验表

变量	$Bobust\ F(1377)$	$Prob > F$	$Shea's\ Adj\ Partial\ R\text{-}sq$
N	1678.37	0.0000	0.7951

资料来源：依样本数据整理而成。

本 章 小 结

本章主要围绕认知型社会资本对科技社团治理有效性的影响展开理论分析，并以中国科协下属的全国一级科技社团为研究样本进行实证检验。在探究认知型社会资本对科技社团治理有效性综合影响的基础上，依照认知型社会资本的内涵、层次、典型文献等内容，将其划分为认知语言、认知规范与认知互动三个维度，分别考察这些细分变量对科技社团治理有效性各要素的影响。本章也将科技社团置于大科学时代背景下，探讨在开放与协同的环境中，自媒体与科技社团的认知型社会资本、治理有效性之间的调节关系，以期更为清晰地了解认知型社会资本作用的条件。此外，本章还从整体性与关联性视角出发，对结构型社会资本与认知型社会资本之间的交互关系进行研究，从而进一步梳理社会资本对科技社团的作用。研究发现：

首先，实证结果显示，优质的认知型社会资本能够促进科技社团高效实现专业知识的传播与服务，达到结果有效的目的，并具体反映在认知语言、认知规范与认知互动三个方面。即认知语言的系统与环境能够促使社团内会员提升相互理解与沟通的能力，保持较高的价值认同感，强化个体会员对组织的有效承诺，提升其融入社团开展的学术交流、科技咨询等活动的积极性与合作意愿；而认知规范则能够通过规章制度体系与监督机制，整合社团内的相关秩序与力量，约束组织成员机会主义行为的发生，使得成员间达成应有的服务与参与共识，形成"基于制度的信任"；此外，学会通过与会员或科技工作者间的有效互动，能够强化彼此的信息与利益共享，推动信息披露机制作用的发挥，也能提升会员与组织的专业素养，进而形成较强的互惠关系，繁荣本学科领域的发展，从而对科技社团治理目标的实现带来积极的影响。

其次，处在大科学时代背景下的科技社团同样呈现出科学研究与创新、科学传播与服务的高复杂性与系统性，参与主体具有开放性与协同性的特征，使科技社团能够依照不同的研究项目，突破个体空间束缚，及时有效地搭建起动态性联盟。而自媒体则恰能满足这一需求，通过形成"小世界"与偏好链接，搭建多元主体沟通桥梁，拓宽社会资本应用半径，通过作用于网络节点内各治理主体的语言、价值观、规范与互动方式等，加强彼此之间的了解，减少认知偏差，强化认知型社会资本对科技社团治理绩效的影响作用。

第七章

政策建议与展望

第七章 政策建议与展望

第一节 政策建议

通过研究的主要结论及其在这一过程中所发现的问题，下文主要从政府与学会两个角度提出相应的政策建议。

一、完善制度供给以优化"营社环境"

科技社团治理有效性的提升是不能脱离于所处的制度背景的。当前，我国基本形成了关于社会组织的相关法律法规体系，但多以行政法规为主，缺乏高阶实体法律，使得政府行政力量干预仍旧存在随意性、不规范性的可能。而高阶实体法律的颁布能够依靠社会集体意志，超越并规范政府的行政行为，在最大程度上调和相互冲突的利益关系，为多元主体画出清晰的行为底线，从根本上确保科技社团作为互益性及非营利性的独立法人主体资格，厘清权力主体关系。这便需要秉承结社自由与社团治理相平衡的法治精神，以激发科技服务与知识交流为根本理念来构建适合我国科技社团的法律体系。如当前，社科院与北京大学已草拟了《民间组织法》，社科院版本初稿为六章五十九条，而北大版本为十章一百七十条，均对我国社会组织登记、法律地位、财产权归属等关键性问题作出明确规定。科协或国家一级科技社团应抓住这一契机，与这些研究机构展开合作，提供本领域所关心的核心治理问题及解决建议，共同加快推进社会组织领域的立法工作。

我国政府则应转变制度供给方式，进一步明确科技社团独立自主的法人权利，简政放权、转变政府职能，为其营造宽松有序的生长环境。一方面，需要政府作为先行者，通过出台相关高阶实体法律，落实具体的行政法规与条文，主动打破原有畸形与固化的博弈均衡点，由"过度政府"向"有限政府"转变，优化"营社环境"，分类简化行政审批手续，激发社会活力与公民亲社会行为。明确政府的"为"与"不为",将市场准入领域中的"负面清单"制度引入社团领域中,严格划分职责权限,使学术权力脱钩于行政力量,在科技社团中行政权力主动让位于学术权力、辅助于学术权力。另一方面,参照科技强国在公共领域中所形成的政府与科技社团较成熟的"交易"方式,以及同行业科技社团之间的竞争与合作模式,进一步拓宽政府委托、招标、合同外包等方式的实施范围,规范相关的实施机制与制度,打破政府职能"虚假转移"的现象,从长远战略性角度考虑科技社团的治理改革。

二、通过分类"脱钩"来推动治理转型

由于科技社团的特有属性,传统行政型治理模式应向社会型治理转变。政府应坚信治理转型路径的信念与决心,能够勇于正视治理转型中的阻力与问题,注重转型过程的方式与方法,既需要克服"保姆式"的管控模式,也需要摒弃"放羊式"的发展方式。从现实情况来看,政府需首先转变治理思维,以服务代替控制,调动科技社团治理改革的积极性,监督其落实本学会的治理改革方案,形成政府引导与监督、科技社团策划与实施、公众参与与反馈的协同治理模式。其次,采用分类"脱钩"的方式,依照治理有效性的实际发展情况,由易到难。从本书的研究结论来看,这一突破口在挂靠到事业单位的科技社团。从该类科技社团发展的实际情况出发,捋顺用人制度、财务收支来源、组织战略规划与治理目标等一系列基础性问题,并针对该类别科技社团细化与完善相关治理转型的配套措施与辅助方案,补齐短板,激发整体治理转型的活力。

在治理转型过程中,需要维护科技社团的学术自治权,它是科技社团社会型治理的必要条件与逻辑起点,也是其治理最为根本的保证与前提。但需要清楚的是这种自治不仅是一种权力,而更应是通过负责的行为和对社会有效的服务去获得(钱志刚、祝延,2012)。首先,这要求科技社团牢固树立规则意识,强化组织制度体系的构建,使得制度建设与组织实践能够"合拍";其次,这也使我国的科技社团能够在满足会员的基本需求外,积极地同社会公众、媒体相交流,通过更为亲民的方式,主动开展科普活动、知识讲座等,

增强自身的影响力与知名度，承担与自身能力相符的科技创新、技术进步、民众科学素养提升等社会责任，实现科技传播与科技服务的协同与协调发展。

三、牢固树立以会员为服务核心的治理使命

无论时代如何变迁，会员始终是科技社团最为重要的治理主体与客体，也是其能够安身立命、不断壮大与发展的根本之所在。这既是科技社团治理的出发点，也是最终的落脚点，直接体现着组织治理有效性的水平，因此科技社团需牢固树立以会员服务为核心的治理使命，不断丰富会员结构、服务模式与手段。

首先，学会应多渠道发展会员，细分会员种类，并构建较为完整与科学的会员体系。多元的会员成分能够降低冗余性知识与重复性关系，提升沟通与决策的科学性，也能拓宽学会的影响力与社会公信力。而在实际研究过程中，本书发现我国科技社团会员类别较为单一，普遍缺乏对学生会员的重视程度。例如中国生物物理学会根本没有本科生会员这一类别，相较于同类别国际知名科技社团（如英国生物学会），具有较为明显的差距，这不仅限制了社团的网络规模与网络成分，也阻碍了更多青年科技工作者和科技爱好者加入学会、感受科学乐趣，不利于学会会员后备力量的储备。具体而言，科技社团可针对不同类别的会员采用不同的入会手续、服务与互动方式，制定个性化的服务方案，并多与高等学校、相关技术企业等建立良好的关系，拓宽发展会员的渠道。

其次，借助网络信息化手段为会员搭建各类服务平台。早在2008年召开的全国学会工作会议上，我国已经明确提出了"要把会员是否满意作为衡量学会工作的主要标准"。但当前我国科技社团服务于会员的手段、方式、渠道、内容均较为单一，例如2017年科协主管的全国一类科技社团中，仅有12.04%的学会能够向上级反映会员的利益诉求或相关意见。对此，我国科技社团可借助网络平台提供一系列服务会员的举措，如设立在线会员目录联系方式，强化会员间的沟通与互动；又如积极利用微信、微博等客户端，搜集会员所关心的热点问题，及时有效地向相关部门反映；再如，开设网络教学

平台与培训课程，提升会员或相关科技工作者的专业素养等。

再次，大科学时代下，科技社团既有互益性也有公益性，因此需将服务会员与服务政府、服务社会相结合。如在本学科领域内设立特定奖项并搭建相关宣传平台，对杰出成员的科研成果进行正向反馈与肯定的同时，通过电视、网络、自媒体等途径，宣传获奖科技工作者的典型事迹、科研成果，向社会积极传递正能量，也有助于通过榜样的力量激发青少年对科学的兴趣，强化对公众的科学传播与普及水平。

四、优化学会的社会资本与治理能力体系的构建

学会需进一步优化组织内社会资本的存量与质量，规范学会的制度建设，形成较为完善的制度体系，并保持良好的动态性以实现组织内秩序的整合，保证组织内部各项事务与运营的权、责、利界限清晰，推动学会权力展现出"公共性格"与"理性价值"。提升科技社团网络质量，特别是在理事长、理事成员的选聘过程中，决策机制与制度需民主、科学、合理。积极完善学会内部治理结构，依照组织运营的实际情况设置监事会或司库，强化组织监督机制的运行，防范因大科学时代下组织利益相关者分散、多元，组织治理趋向柔性而引发的各项治理风险。推动学会专职秘书长制度的构建，落实秘书处实体化、办公场所独立化、秘书处工作人员选拔招聘化等措施，以提升组织专业化运营水平，不断激活与有效配置组织内社会资本，提升其对学会治理有效性的作用。如2017年在中国科协的推动下，中国营养学会积极进行组织变革，强化学会专业化能力，首次在全球范围内成功招募专职秘书长，为其他社团治理改革、提升组织治理能力，形成了良好的示范效果。

充分利用互联网、社交媒体等诸多数字化工具，搭建全国性科技社团网络与资源共享平台，充分利用自身在特定领域中的比较优势的同时，也应加强区域性与跨境多维合作，放大知识交流所带来的正向推动力，共同应对大科学时代下学科间交融、协同、综合发展的趋势。

需要特别指出的是，由于制度之间的关联性与互补性，任何一项制度

安排也会因此呈现耐久性与较强的路径依赖（李维安、郝臣，2015）。这便提醒我们，以上改革或建议并非一蹴而就，需要科技社团中各利益主体相互协调，在重复博弈的过程中找到各自效用最大的均衡点，对此我们充满信心。

第二节　研究局限与展望

一、研究局限

囿于个人能力与精力，本书的研究存在以下局限性：

首先，在关于科技社团治理有效性内涵的界定与衡量指数的开发上，基于现有的典型理论文献，综合数据的可获得性与可操作性等因素，将重点放在"结果有效"上，实质上这是外部治理有效性的体现。虽在理论部分对内部过程有效、结构有效、机制有效等维度进行了一定的论证，但在实证环节中并未得到充分且具体的体现，如并未对社团理事会、秘书处治理机制有效性进行衡量等，使得对科技社团治理有效性的量化上并非十分全面与准确。这对于后续实证检验，可能会造成一定的结果偏差。

其次，在关于社会资本的测量过程中，由于资源与研究条件所限，并未采用调查问卷的方式对信任这一重要的社会资本指标进行直接测量，而是采用当前公开渠道可获取的替代变量进行测度，这一局限性也在认知型社会资本中，如关于认知语言的测量上有所体现。此外，由于科技社团社会资本的多层次性，对于纵向组织间社会资本的研究，本书仅从资源嵌入角度分析其桥梁性作用，事实上在相对闭合的网络中，采用结构洞的衡量会更为准确与直接。这些因素均可能会对本书最后的结论带来直接影响。

再次，治理转型是我国科技社团提升治理有效性的重要途径，也是影响社会资本作用发挥的重要限制性因素。本书仅通过依照挂靠单位的不同，从社会资本视角找到了关于推动治理转型的突破口，但是究竟如何转型，相关的实现路径又是什么？由于篇幅与主题限制，本书并未给出明确且有深度的回答。这在一定程度上限制了本书的理论指导意义与价值，当然以上这些局限性也为后续研究提供了思路。

二、研究展望

基于以上局限性与相关启示，在本领域内的进一步研究可尝试从以下几个方面着手：

其一，当前关于科技社团治理有效性测度的理论研究实际上是颇为匮乏的，局限于社会组织统计性信息披露量有限，本书仅从社会资本的角度，并以外部治理结果有效为导向进行测度。但实际上，关于治理有效性的测量不应局限于此，如可参照南开大学公司治理评价课题组发布的公司治理指数，结合科技社团特征开发适合我国科技社团有效治理的评价体系。其中不仅包括外部结果有效，也可涵盖内部过程有效、机制有效、结构有效、运营有效等诸多维度。研究方法则可尝试向科技社团发放问卷来获取财务、运营等更为全面翔实的信息，力图对我国科技社团治理水平有着更为准确、全面、客观的判断。其作用一方面能够帮助我们及时发现我国科技社团在治理过程中存在的具体问题，并有针对性地采取相应措施，完善薄弱环节，从而提升治理有效性水平；另一方面，也能够构建声誉机制，促进我国"第三部门"形成良好的监督环境，弱化政府对社会组织的直接控制与干预，助推治理转型的实现。当然，也能够为理论研究提供数据支撑，通过实证的方式来挖掘更多、更为深层次的问题。

其二，信任作为社会资本衡量的重要维度，除本书所采用的依照理论推演进行客观或替代评价外，在有条件的情况下，可积极尝试采用问卷的方式获取会员、政府、科技社团本身之间的主观感受，使得变量的衡量更为直接，对相关治理主体间的信任程度也能有更为准确的把握。不同方法能在取长补短的过程中彼此交叉印证同一问题，也正是对社会资本的深化研究趋向一个有效结论的基本前提。而关于社会资本的分类，本书采用的是较为典型的结构型社会资本与认知型社会资本这一方法。但实际上，也可从不同角度展开，如也有学者提出结合型社会资本、沟通型社会资本等（Stewart，2007），而分类方法的不同，往往会对衡量变量、作用机制等因素产生影响，这也可能会对提升治理有效性带来相应的作用。这些均值得进一步考虑与尝试。

其三，在治理转型的背景下，社会资本如何对科技社团治理有效性产生作用，也可尝试引入案例研究的方法，例如中国公路学会、中国计算机学会、中国营养学会等均是实现行政"脱钩"后，激活组织治理活力的典范。相较于实证分析，通过对比分析、多案例聚焦等形式，可以更为深入地探索这些科技社团治理转型成功的路径、背后的驱动机理，具有更强的实践指导性。

参 考 文 献

[1] Adler Paul, Seok-Woo Kwon. Social capital: prospects for a new concept [J]. The Academy of Management Review, 2002, 27(1):17-40.

[2] Aggarwal R K, Evans M E, Nanda D. Nonprofit boards: size, performance and managerial incentives [J]. Journal of Accounting and Economics, 2012, 53(1-2):466-487.

[3] Alexander J, Brudney J L, Yang K. Introduction to the symposium: accountability and performance measurement: The evolving role of nonprofits in the hollow state [J]. Nonprofit and Voluntary Sector Quarterly, 2010, 39(4):565-570.

[4] Ana Delicado, Raquel Rego, et al. What roles for scientific associations in contemporary science? [J]. Minerva, 2014, 52(4):439-465.

[5] Andreas K G, Nicos K. Corporate governance research applied at a private university [J]. Higher Education, Skills and Work-Based Learning, 2012, 2(1):74-94.

[6] Arregle J L, Hitt M A, Sirmon D G, et al. The development of organizational social capital: attributes of family firms [J]. Journal of Management Studies, 2007, 44(1):73-95.

[7] Augusto J, Felicio, H M G. Social value and organizational performance in non-profit social organization: social entrepreneurship, leadership, and socioeconomic context effects [J]. The Journal of Economic Asymmetries, 2013,10(2):1-4.

[8] Baker W E. Market networks and corporate behavior[J]. American Journal of Sociology, 1990, 96(3):589-625.

[9] Balduck A, Van Rossem A, Buelens M. Identifying competencies of volunteer board members of community sports clubs [J]. Nonprofit and Voluntary Sector Quarterly, 2010, 39(2):213-235.

[10] Baldwein B A, Meese G B. Social behavior in pigs studies by means of operant conditioning [J]. Animal Behavior, 1979, 27(3):974-957.

[11] Bian Y J. Bringing strong ties back in: indirect ties, network bridges, and job searches in China [J]. American Sociological Review, 1997, 62(3):366-385.

[12] Bowles S, Gintis H. Social capital and community governance [J]. The Economic Journal, 2002, 112(5):419-436.

[13] Brickley J A, Van Horn R L, Wedig G J. Board composition and nonprofit conduct: evidence from hospitals [J]. Journal of Economic Behavior and Organization, 2010, 76(2):196-208.

[14] Brown J S, Duguid P. Organizational learning and communities of practice: toward a unified view of working, learning and innovation [M]. Thousand Oaks, CA: Sage Publications, 1996.

[15] Brown W A. Exploring the association between board and organizational performance in nonprofit organizations [J]. Nonprofit Management & Leadership, 2005, 15(3):317-339.

[16] Burt R S. Bridge decay [J]. Social Networks, 2002, 24(4): 333-363.

[17] Burt R S. Structural holes: the social structure of competition [M]. Cambridge: Harvard University Press, 2009.

[18] Burt R S. The network structure of social capital [J]. Research in Organizational Behavior, 2000, 22(1): 345-423.

[19] Callen J L, Klein A, Tinkelman D. The contextual impact of nonprofit board composition and structure on organizational performance: agency and resource dependence perspectives [J]. Voluntas, 2010, 21(1):101-125.

[20] Callen J L, Klein A, Think-elman. Board composition, committees, and organizational efficiency: The case of nonprofits [J]. Nonprofit and voluntary sector quarterly, 2003,32(4):493-520.

[21] Cardinaels E. Governance in non-for-profit hospitals: effects of board members' remuneration and expertise on CEO compensation [J]. Health Policy, 2009, 93(4):64-75.

[22] Chien M Y, Tracy T, Russell H. Board roles in organizations with a dual board system: empirical evidence from Taiwanese nonprofit sport organizations [J]. Sport Management Review, 2009, 12(2):91-100.

[23] Chirs J M, Paul U, Leslie B. Commercial orientation in grassroots social innovation: insight from the sharing economy [J]. Ecological Economics, 2015, 118(3): 240-251.

[24] Chuang C H, Chen S, Chuang C W. Human resource management practices and organizational social capital: the role of industrial characteristics [J]. Journal of Business Research, 2013, 66(5): 678-687.

[25] Chung M H, Labianca G. Group social capital and group effectiveness: the role of informal socializing ties [J]. Academy of Management Journal, 2004, 47(6):860-875.

[26] Corey C P. A longitudinal study of the influence of alliance network structure and composition on firm exploratory innovation [J]. Academy of Management Journal, 2010, 53(4): 890-913.

[27] Cortinovis N, Xiao J, Boschma R, et al. Quality of government and social capital as drivers of regional diversification in Europe[J]. Papers in Evolutionary Economic Geography (PEEG), 2016, 17(6):1179-1208.

[28] D F Suarez. Collaboration and professionalization: the contours of public sector funding for nonprofit organizations [J]. Journal of Public Administration Research and Theory, 2011, 21(2):207-326.

[29] De Andrés-Alonso P, Azofra-Palenzuela V, Romero-Merino M E. Beyond the disciplinary role of governance: how boards add value to Spanish foundations [J]. British Journal of Management, 2010, 21(1):100-114.

[30] De Andrés-Alonso P, Azofra-Palenzuela V, Romero-Merino M E. Determinants of nonprofit board size and composition: the case of Spanish foundations [J].

Nonprofit and Voluntary Sector Quarterly, 2009, 38(5):784-809.

[31] Deepa N. Bonds and bridges: social capital and poverty [M]. Bingley Emerald Group Publishing Limited, 2004.

[32] Delis B, Mario D. The integrative power of civic networks American [J]. Journal of Sociology, 2007, 113(3): 735-780.

[33] Diego Gambetta. Trust: making and breaking cooperative relations [M]. Oxford: Basil Blackwell, 1998.

[34] Du Bois C, Caers R, Jegers M, et al. Agency conflicts between board and manager[J]. Nonprofit Management & Leadership, 2009, 20(2):165-183.

[35] E C. Science and governance in a knowledge society: the challenge for Europe [EB/OL]. [2021-05-21]http://ec.europa.eu/governance/areas/group2/contribution_en.pdf.2011.

[36] Edwards J R, Cable D M. The Value of value congruence [J]. Journal of Applied Psychology, 2009, 94(3): 654-677.

[37] Eikenberry A M, J D Kluver. The Marketization of the nonprofit sector: civil society at risk [J]. Public Administration Review, 2004, 64(2): 132-140.

[38] ESRC. Science in governance and the governance of science[R/OL]. http://www. esrc.ac.uk/_images/science_in_governance_tcm8-13542.pdf.2011.

[39] F A Hayek. The constitution of liberty [M]. London: Routledge, 1978.

[40] Fama E F, Jensen M C. Separation of ownership and control [J]. Journal of Law & Economics, 1983, 26(1):301-325.

[41] Finkelstein S, Mooney A C. Not the usual suspects: how to use board process to make boards better [J]. Academy of Management Executive, 2003,17(2):101-113.

[42] Fiorenzo F, Domenico M. Sub-field normalization of the IEEE scientific journals based on their connection with Technical Societies[J]. Journal of Informetrics, 2014, 8(2):508-533.

[43] Forbes D P. Measuring the unmeasurable: empirical studies of nonprofit organization effectiveness from 1977 to 1997 [J]. Nonprofit and Voluntary

Sector Quarterly, 1998, 27(2): 183-202.

[44] Francis Fukuyama. The great disruption: human nature and the reconstitution of social order [M]. New York: Simon and Schuster, 1992.

[45] Frans Van Waarden. Emergence and development of business interest associations: an example from the Netherlands [J]. Organization Studies, 1992, 13(4):521-561.

[46] Fukuyama F. Social capital and the global economy [J]. Foreign Affairs, 1995, 74(5):89-103.

[47] Futao Huang. University governance in China and Japan: major findings from national surveys [J]. International Journal of Educational Development, 2018, 63(10):12-19.

[48] Gerry Stoker, Chhotray Vasudha. Governance theory and practice: a cross-disciplinary approach [M]. New York: Palgrave Macmillan, 2009.

[49] Gibelman M, Gelman S R, Pollack D. The credibility of nonprofit boards: a view from the 1990s and beyond [J]. Administration in Social Work, 1997, 21(2):21-40.

[50] Gittell R, Vidal A. Community organizing: building social capital as a development strategy [M]. Thousand Oaks, CA: Sage Publications, 1998.

[51] Granovetter M S. The strength of weak ties [J]. American Journal of Sociology, 1973, 78(6): 1360-1380.

[52] Granovetter M. Economic action and social structure: the problem of embeddedness [J]. American Journal of Sociology, 1985, 91(3):481-510.

[53] Grootaert C, Bastlaer T. The role of social capital in development[M]. London: Cambridge University Press, 2002.

[54] Grootaert C, Bastlaer T. Understand and measuring social capital[R]. Washington D C: World Bank, 2002.

[55] Guinet J, Zhang G. OECD review of China's innovation system and policy: main findings[C].Paper Presented at OECD-MOST Joint Conference: Review of China's National Innovation System: domestic Reform and Global

Integration. Beijing, 2007.

[56] Guiso L, Sapienza P, Zingales L. Civic capital as the missing link [J]. Handbook of Social Economics, 2011, 1(1): 417-480.

[57] Halpern D. Social capital [M]. Cambridge: Polity Press. 2005.

[58] Hambrick D C, Mason P A. Upper echelons: the organization as a reflection of its top managers [J]. Academy of Management Review, 1984, 9(2):193-206.

[59] Hardina D. Are social service managers encouraging consumer participation in decision making in organizations? [J]. Administration in Social Work, 2011, 35(2):117-137.

[60] Herman R D, Renz D O. Advancing nonprofit organizational effectiveness research and theory: nine theses [J]. Nonprofit Management and Leadership, 2008, 18(4):399-415.

[61] Herman R D, Renz D O. Doing things right: effectiveness in local nonprofit organizations, a panel study [J]. Public Administration Review, 2004, 64(6):694-704.

[62] David O, Renz. The Jossey-Bass handbook of nonprofit leadership and management [M]. San Francisco, CA: Jossey-Bass, 2010.

[63] Hessels L K, Van L H. Re-thinking new knowledge production: a literature review and a research agenda [J]. Research Policy, 2008, 37(4):740-760.

[64] Hillman A J, Dalziel T. Boards of directors and firm performance: integrating agency and resource dependence perspectives [J]. The Academy of Management Review, 2003, 28 (3):383-396.

[65] Ibarra H, Tsai K W. Zooming in and out: connecting individuals and collectivities at the frontiers of organizational network research [J]. Organization Science, 2005, 16(4):359-371.

[66] Chompalov, Ivan. Institutional Collaboration in science: a typology of technological practice [J]. Science, Technology & Human Values, 1999, 24(3):338-372.

[67] James A B, R L Van, Gerard J W. Board composition and nonprofit conduct:

evidence from hospitals [J]. Journal of Economics Behavior & Organization, 2010, 76(2):196-208.

[68] James N R, Czempiel E. Governance without government: order and change in world politics [M]. London: Cambridge University Press, 1992.

[69] James S Coleman. Foundation of social theory [M]. Cambridge: The Belknap Press of Harvard University Press, 1998.

[70] James S Coleman. Social capital in the creation of human capital [J]. American Journal of Sociology, 1988, 94(5):94-95.

[71] Jeanne Braha. Science communication at scientific societies[J]. Seminars in Cell & Developmental Biology, 2017, 70(2):85-89.

[72] Jegers M, Lapsley I. The 21st century challenge: managing charitable entities as business enterprises [J]. Financial Accountability & Management, 2003, 19(3):205-207.

[73] Jennifer I, Michelle S. How does a board of directors influence within- and cross-sector nonprofit collaboration? [J]. Nonprofit Management & Leadership, 2018, 28(5):1-18.

[74] Jennifer M B. Derick W B. Government nonprofit relations in comparative perspective: evolution,themes and new directions[J]. Public Administration and Development, 2002, 22(1):3-18.

[75] Jensen M C. The Modem industrial revolution, exit and the failure of internal control system [J]. The Journal of Finance, 1993, 78(3): 831-880.

[76] Jobome G O. Management pay, governance and performance: the case of large UK nonprofits [J]. Financial Accountability & Management, 2006, 22(4):331-358.

[77] John R Baker. Michael Polanyi's contributions to the cause of freedom in science [J]. Minerva, 1978, 16(3):382-396.

[78] Jurgita S, Eimantas K. Development of social entrepreneurship initiatives: a theoretical framework[C]. 20th International Scientific Conference Economics and Management, 2015.

[79] Kano N, Seraku N, Takahashi F, et al. Attractive quality and must-be quality [J]. Journal of the Japanese Society for Quality Control, 1984, 14(2):39-48.

[80] Kaplan A. The conduct of inquiry [M]. San Francisco: Chandler, 1964.

[81] Kitching K. Audit value and charitable organizations [J]. Journal of Accounting and Public Policy, 2009, 28(6):510-524.

[82] Klaas H, Eelke M H, M Wats. Behavioral determinants of nonprofit board performance [J]. Nonprofit Management & Leadership, 2015, 25(4):417-430.

[83] Kostova T, Roth K. Social capital in multinational corporations and a micro-macro model of its formation [J]. Academy of Management Review, 2003, 28(2): 297-317.

[84] Kwak N, D V Shah, R L Holbert. Connecting, trusting and participating: the direct and interactive effects of social associations [J]. Political Research Quarterly, 2004, 57(4):643-652.

[85] Latham G P, Locke E A. Self-regulation through goal setting [J]. Organizational Behavior and Human Decision Process, 1991, 50(2):212-247.

[86] Lavy V. Does raising the principal's wage improve the schools outcomes? Quasi-experimental evidence from an unusual policy experiment in Israel [J]. The Scandinavian Journal of Economics, 2010, 110(3):639-662.

[87] Leana C R, Pil F K. Social capital and organizational performance: evidence from urban public schools [J]. Organization Science, 2006, 17(3): 353-366.

[88] Leana C R, Van Buren. Organizational social capital and employment practices [J]. Academy of Management Review, 1999, 24(3): 538-555.

[89] Lecy J D, Schmitz H P, Swedlund H. Non-governmental and not-for-profit organiational effectiveness: a modern synthesis [J]. Voluntas, 2012, 23(2):434-457.

[90] Lee J'. Heterogeneity, brokerage, and innovative performance: endogenous formation of collaborative inventor networks [J]. Organization Science, 2010, 21(4): 804-824.

[91] Lee Y C, Lin S B, Wang Y L. A new Kano's evaluation sheet [J]. The Journal

of Quality Management, 2011, 23(2):179-195.

[92] Lee Y, Wilkins V M. More similarities or more differences? Comparing public and nonprofit managers job motivation [J]. Public Administration Review, 2011, 71(1):45-56.

[93] LeRoux K, M K Feeney. Factors attracting individuals to nonprofit management over public and private sector management [J]. Nonprofit Management and Leadership, 2013, 24(1):43-62.

[94] Lin Nan. Social capital: a theory of social structure and action[M]. London:Cambridge University Press, 2001.

[95] Linck J S, Netter J M, Yang T. The determinants of board structure [J]. Journal of Financial Economics, 2008, 87(2):308-328.

[96] Lindstr M M, Mohseni M. Social capital, political trust and self reported psychological health: a population-based study [J]. Social Science Medicine, 2009, 68(3):436-443.

[97] Lore Wellens, Marc Jegers. Effective governance in nonprofit organizations: a literature based multiple stakeholders approach [J]. European Management Journal, 2014, 32(2):223-243.

[98] Lowell S, Trelstad B, Meehan B. The ratings game: Evaluating the three groups that rate the charities [J]. Stanford Social Innovation Review, 2005, 3(3):38-45.

[99] Maier F, Meyer M, Steinbereithner M. Nonprofit organizations becoming business-like: a systematic review [J]. Nonprofit & Voluntary Sector Quarterly, 2014, 45(1):1-23.

[100] Mandato J. Nonprofit management: a new model for a new world [R]. Working Paper, 2003.

[101] Masahiko Aoki. Towards a comparative institutional analysis [J]. Journal of Economic Behavior & Organization, 2003, 52(4):467-482.

[102] Massis A D, Kotlar J, Frattin F I. Is social capital perceived as a source of competitive advantage or disadvantage for family firm? An exploratory

analysis of CEO perceptions [J]. Journal of Entrepreneurship, 2013, 22(1):15-31.

[103] Masulis R W, Wang C, Xie F. Globalizing the boardroom: the effects of foreign directors on corporate governance and firm performance [J]. Journal of Accounting and Economics, 2012, 53(3):527-554.

[104] Mitchell G E. The construct of organizational effectiveness: perspectives from leaders of international nonprofits in the United States [J]. Nonprofit and Voluntary Sector Quarterly, 2013, 42(2):322-343.

[105] Nahapiet J, Ghoshal S. Social capital, intellectual capital and the organizational advantage [J]. Academy of Management Review, 1998, 23(2):242-266.

[106] Nowland-Foreman G. Purchase-of-service contracting, voluntary organizations, and civil society: dissecting the goose that lays the golden eggs? [J]. American Behavioral Scientist, 1998, 42(1):108-123.

[107] O' Connell J F. Administrative compensation in private nonprofits: the case of liberal arts colleges [J]. Quarterly Journal of Business and Economics, 2005, 44(1):3-12.

[108] O'Regan K, Oster S M. Does the structure and composition of the board matter? The case of nonprofit organizations [J]. The Journal of Law Economics & Organization, 2005, 21(1):205-227.

[109] Ostrom E, T K Ahn. A social science perspective on social capital: social capital and collective action[C]. UK: Social Capital: Interdisciplinary Perspective, 2002:1-58.

[110] Ostrom E. A behavioral approach to the rational choice theory of collective action: presidential address [J]. American Political Science Association, 1998, 92(1):1-22.

[111] Ostrower F. Nonprofit governance in the United States: findings on performance and accountability from the first national representative study [J]. The Urban Institute, Center on nonprofits and Philanthropy, 2007, 1(1):1-26.

[112] P Bourdieu. The Forms of Capital in J.G Richardso(ed.). Handbook of Theory and Research for the Sociology of Education [M]. New York: Greenwood Press, 1986.

[113] Packard T. Staff perceptions of variables affecting performance in human service organizations [J]. Nonprofit and Voluntary Sector Quarterly, 2010, 39(2):971-990.

[114] Pamela Ackroyd. Problems of university governance in Britain: is more accountability the solution? [J]. International Journal of Public Sector management, 1999, 12(2):171-185.

[115] Pastoriza D, Ario M A, Ricart J E, et al. Does an ethical work context generate internal social capital? [J]. Journal of Business Ethics, 2015, 129(1): 77-92.

[116] Paxton P. Is socal capital declining in the United States a multiple indicator assessment [J]. American Journal of Sociology, 1999, 105(1):88-127.

[117] Pentland A S. The new science of building great teams [J]. Harvard Business Review, 2012, 91(4):11-27.

[118] Peter Frumkin, Elizabeth K Keating. Diversification reconsidered: the risks and rewards of nonprofit revenue concentration [J]. Journal of Social Entrepreneurship, 2011, 28(2):151-164.

[119] Petitjean Patrick. The joint establishment of the world federation of scientific workers and of UNESCO after World War II [J]. Minerva, 2008, 46(2):247-270.

[120] Petrovits C, Shakespeare C, Shih A. The cause and consequences of internal control problems in nonprofit organizations [J]. Accounting Review, 2011, 86(1):325-357.

[121] Pfeffer J, Salancik R. The external control of organizations: a resource dependent perspective [M]. New York: Harper & Row, 1978.

[122] Pierre Bourdieu. The Forms of social capital [C]//John G. Richardson. Handbook of theory and research for the sociology of education. Westport,

CT: Greenwood Press. 1986.

[123] Pierre Burt, Loic Wacquant. An invitation to reflexive sociology [M]. Chicago: University of Chicago Press, 1992.

[124] Polanyi Michael. The autonomy of science [J]. Memoirs and Proceedings of the Manchester Literary and Philosophical Society, 1943, 85(2):30-36.

[125] Porter M E, Kramer M R. Creating shared value [J]. Harvard Business Review, 2011, 89(1-2): 62-77.

[126] Portes Alejandro. Social capital: its origins and applications in modern sociology [J]. Annual Review of Sociology, 1998, 24(1):1-24.

[127] Prakash A, M K Gugerty. Trust but verify? Voluntary regulation programs in the nonprofit sector [J]. Regulation and Governance, 2010, 4(1): 22-47.

[128] Preston J B, Brown W A. Commitment and performance of nonprofit board members [J]. Nonprofit Management & Leadership, 2004, 15(2):221-238.

[129] Putnam R. Making democracy work: civic traditions in modern Italy [M]. Princeton: Princeton University Press, 1993.

[130] Qiusha Ma. The governance of NGOs in China since 1978: how much autonomy? [J]. Nonprofit and Voluntary Sector Quarterly, 2002, 31(2):305-328.

[131] Quinn R E, Rohrbaugh J. A spatial model of effectiveness criteria: towards a competing values approach to organizational analysis [J]. Management Science, 1983, 29(1):363-377.

[132] R Cotterrell. A sociology of law: an introduction [J]. Journal of Law and Society, 1984, 13(2):255-267.

[133] Rademakers M F. Agents of trust: business associations in Agri-food supply system [J]. International Food and Agribusiness Management Review, 2000, 3(2):139-153.

[134] Rajesh K, Mark E E, D Nanda. Nonprofit boards: size, performance and managerial incentives [J]. Journal of Accounting and Economics, 2012, 53(1):466-487.

[135] Rasmusen E. Games and information: an introduction to game theory [J]. Basil Blackwell, 1989, 9(3):841-846.

[136] Ravasi D, Zattoni A. Exploring the political side of board involvement in strategy: a study of mixed-ownership institutions [J]. Journal of Management Studies, 2006, 43(8):1673-1704.

[137] Richard H Hall. Organizations: structures, processes & outcomes [M]. New Jersey: Prentice Hall, 1991.

[138] Richard R Nelson. National innovation system: a comparative analysis [M]. New York: Oxford University Press, 1993.

[139] Rik C, Matt M, G Robert, et al. Social capital and the voluntary provision of public goods [J]. Journal of Behavioral and Experimental Economics, 2018, 77(5):196-208.

[140] Robert D Putnam. Bowling Alone: the collapse and revival of American community [M]. New York: Touchstone Books by Simon & Schuster, 2001.

[141] Robert King Merton. Sociology of science: theoretical and empirical investigations[M]. Chicago: University of Chicago Press, New edition, 1979.

[142] Robert King Merton. Science, technology & society in 17th century England [M]. New York: H. Fertig, 1970.

[143] Rochester C. An Introduction to the voluntary sector [M]. New York: Routledge, 1995.

[144] S Bahmani, Miguel-angel Galindo. Nonprofit organizations entrepreneurship, social capital and economic growth [J]. Small Business Economics, 2012, 38(3):271-281.

[145] Saaty T L. The analytic hierarchy process: planning, priority setting, resource allocation [M]. New York: Mc Graw-Hill, 1980.

[146] Schneider J A. Organizational social capital and nonprofits [J]. Nonprofit and Voluntary Sector Quarterly, 2009, 38(4): 643-662.

[147] Scott W R. Organizations as rational, natural and open systems[J]. Structures and Dynamics of Autopoietic Organizations, 1998, 35(1):7-57.

[148] Shambu P. Science and technology in civil society: innovation trajectory of spirulina algal technology [J]. Source: Economic and Political Weekly, 2005, 40(10): 4363-4672.

[149] Sheehan R M. Mission accomplishment as philanthropic organization effectiveness: key findings from the excellence in philanthropy project[J]. Nonprofit and Voluntary Sector Quarterly, 1996, 25(1):110-123.

[150] Shilbury D, Moore K A. A study of organizational effectiveness for national Olympic sporting organizations [J]. Nonprofit and Voluntary Sector Quarterly, 2006, 35(1):5-38.

[151] Siebart P. Corporate governance of nonprofit organizations: cooperation and control [J]. International Journal of Public Administration, 2005, 28(9):857-867.

[152] Smith S S, Kulynych J. It may be social, but why is it capital? The social capital construction of social capital and political language [J]. Politics and Society, 2002, 30(1):149-186.

[153] Son J, Lin N. Social capital and civic action: a network-based approach [J]. Social Science Research, 2008, 37(1):330-349.

[154] Song X M, Thiem R. A cross-national investigation of the R&D marketing interface in the product innovation process [J]. Industrial Marketing Management, 2006, 35(3):308-322.

[155] Spar D, Dail J. Of measurement and mission: accounting for performance in nongovernmental organizations [J]. Chicago Journal of International Law, 2002, 3(1):171-181.

[156] Stewart J. It's the quality, not the quantity: how social capital shapes community development [C]. Annual Meeting of the American Sociological Association New York, 2007.

[157] Subramaniam M, Youndt M A. The influence of intellectual capital on the types of innovative capabilities [J]. The Academy of Management Journal, 2005, 48(3):450-463.

[158] Sundaramurthy C, M Lewis. Control and collaboration: paradoxes of governance [J]. Academy of Management Review, 2003,28 (3):397- 415.

[159] Sundaramurthy C, Pukthuanthong K. Positive and negative synergies between the CEO's and the corporate board's human and social capital: A study of biotechnology firms [J]. Strategic Management Journal, 2014, 35(6):1-49.

[160] Thomas S Kuhn. The structure of scientific revolutions: 50th anniversary edition [M]. Chicago: University of Chicago Press, 2012.

[161] Tracey P, Phillips N, Jarvis O. Bridging institutional entrepreneurship and the creation of new organizational forms: a multilevel model [J]. Organization Science, 2011, 22(1): 60-80.

[162] U Zander, Kogut B. Knowledge and the speed of the transfer and imitation of organizational capabilities [J] .Organization Science , 1995, 6(1):76-92.

[163] Uphoff Nphoff, Wijayaratna C M. Demonstrated benefits from social capital: the productivity of farmer organizations in Gal Oya, SriLanka [J]. World Development, 2000, 28(11): 1875-1890.

[164] Van P, Caers S, Bois D, et al. The governance of nonprofit organizations: integrating agency theory with stakeholder and stewardship theories [J]. Nonprofit and Voluntary Sector Quarterly, 2012, 41(3): 431-451.

[165] Vives X. Trade association disclosure rules, incentives to share information, and welfare [J]. Rand Journal of Economics, 1990, 21(3):409-430.

[166] Waters R D. Increasing fundraising efficiency through evaluation: applying communication theory to the nonprofit organization-donor relationship [J]. Nonprofit and Voluntary Sector Quarterly, 2011, 39(1):458-475.

[167] Weisbord B A, N D Dominguez. Demand for collective goods in private nonprofit markets: can fundraising expenditures help overcome free-rider behavior? [J]. Journal of Public Economics, 1986, 30(1):83-96.

[168] Weiwei Lin. Nonprofit revenue diversification and organizational performance: an empirical study of New Jersey human services and

community improvement organizations [D]. Newark Rutgers: the State University of New Jersey, 2010.

[169] Woolcock M. Social capital and economic development: towards a theoretical synthesis and policy framework [J]. Theory and Society, 1998, 27(2): 151-208.

[170] Yanga S, Farn C. Social capital, behavioral control, and tacit knowledge sharing: a multi-informant design [J]. Journal of Information Management, 2009, 29(3): 210-218.

[171] Yli-Renko H, Autio E, Tontti V. Social capital, knowledge, and the international growth of technology-based new firms [J]. International Business Review, 2002, 11(3): 279-304.

[172] Zuckerman Harrieta. Introduction: intellectual property and diverse rights of ownership in science [J]. Science, Technology & Human Values, 1988, 13 (1/2): 7-16.

[173] 毕宪顺. 高校学术权力与行政权力的耦合及机制创新 [J]. 教育研究，2004（9）：30-36.

[174] 边燕杰. 城市居民社会资本的来源及作用：网络观点与调查发现 [J]. 中国社会科学，2004（3）：136-146.

[175] 蔡禾. 国家治理的有效性与合法性——对周雪光、冯仕政二文的再思考 [J]. 开放时代，2012（2）：135-143.

[176] 曹荣湘. 走出囚徒困境：社会资本与制度分析 [M]. 上海：上海三联书店，2003.

[177] 曹勇，向阳. 企业知识治理、知识共享与员工创新行为——社会资本的中介作用与吸收能力的调节效应 [J]. 科学学研究，2014（1）：92-102.

[178] 曾维和. 非营利组织治理中的综合监督机制探讨 [J]. 兰州学刊，2004（3）：198-200.

[179] 柴振国，赵新潮. 社会治理视角下的社会组织法制建设 [J]. 河北法学，2015（4）：29-42.

[180] 常红锦，仵永恒. 网络异质性、网络密度与企业创新绩效——基于知识

资源视角 [J]. 财经论丛，2013（6）：83-88.

[181] 常宏建，吴彬. 政府投资科研项目的分类治理研究 [J]. 中国社会科学院研究生院学报，2009（1）：37-42.

[182] 常庆欣. 治理、组织能力和非营利组织 [J]. 中国行政管理，2006（11）：95-97.

[183] 陈成文，黄开腾. 制度环境与社会组织发展：国外经验及其政策借鉴意义 [J]. 探索，2018（1）：144-152.

[184] 陈钢，李维安. 企业基金会及其治理：研究进展和未来展望 [J]. 外国经济与管理，2016（6）：21-37.

[185] 陈钢. 企业基金会特殊性与治理机制有效性研究 [D]. 大连：东北财经大学，2017.

[186] 陈建国. 政社关系与科技社团承接职能的转移——基于调查问卷的实证分析 [J]. 中国行政管理，2015（5）：38-45.

[187] 陈建勋，朱蓉，吴隆增. 内部社会资本对技术创新的影响——知识创造的中介作用 [J]. 科学学与科学技术管理，2008（5）：90-93.

[188] 陈金圣. 从行政主导走向多元共治：中国大学治理的转型路径 [J]. 教育发展研究，2015（11）：40-48.

[189] 陈梅梅，谢松年. 基于改进 Kano 模型的 B2C 网站客户满意度影响研究 [J]. 情报科学，2016（2）：83-86.

[190] 陈剩勇，汪锦军，马斌. 组织化、自组织与民主——浙江温州民间商会研究 [M]. 北京：中国社会科学出版社，2004.

[191] 陈书洁. 治理转型期社会组织专业人才生长机制研究——基于深圳的实践 [J]. 中国社会科学院研究生院学报，2016（5）：76-81.

[192] 陈晓春，赵晋湘. 营利组织失灵与治理探讨 [J]. 财经理论与实践，2003（2）：83-86.

[193] 陈宇，谭康林. 枢纽型社会组织功能的再思考——基于社会资本理论的视角 [J]. 汕头大学学报，2015（1）：77-82.

[194] 程聪，谢洪明，陈盈，等. 网络关系、内外部社会资本与技术创新关系研究 [J]. 科研管理，2013（11）：1-8.

[195] 程志波，李正风. 论科学治理中的科学共同体 [J]. 科学学研究，2012（2）：225-231.

[196] 崔月琴，龚小碟. 支持性评估与社会治理转型——基于第三方评估机构的实践分析 [J]. 国家行政学院学报，2017（4）：55-60.

[197] 崔月琴，沙艳. 社会组织的发育路径及其治理结构转型 [J]. 福建论坛（人文社会科学版），2015（10）：126-133.

[198] 戴吉明. 地方精英对体育社团发展的影响——对盐城市保龄球协会的个案研究 [D]. 苏州：苏州大学，2014.

[199] 戴科星. 会员角度下我国行业协会服务有效性的分析 [D]. 广州：华南农业大学，2016.

[200] 戴勇等. 内部社会资本、知识流动与创新——基于省级技术中心企业的实证研究 [J]. 科学学研究，2011（7）：1046-1055.

[201] 戴长征，黄金铮. 比较视野下中美慈善组织治理研究 [J]. 中国行政管理，2015（2）：141-148.

[202] 邓莉. 有效提升自媒体科学传播效果的路径研究 [D]. 重庆：重庆大学，2016.

[203] 杜兴强，熊浩. 外籍董事对上市公司违规行为的抑制效应研究 [J]. 厦门大学学报（哲学社会科学版），2018（1）：65-77.

[204] 杜焱强，刘平养，包存宽，等. 社会资本视阈下的农村环境治理研究——以欠发达地区J村养殖污染为个案 [J]. 公共管理学报，2016（4）：101-112.

[205] 樊怡敏. 提升社会组织治理能力的路径选择探析 [J]. 中共太原市委党校学报，2015（1）：51-54.

[206] 范建红，陈怀超. 董事会社会资本对企业研发投入的影响研究——董事会权力的调节效应 [J]. 研究与发展管理，2015（10）：22-33.

[207] 范明林. 非政府组织与政府的互动关系——基于法团主义和市民社会视角的比较个案研究 [J]. 社会学研究，2010（3）：159-176.

[208] 范如国. 复杂网络结构范型下的社会治理协同创新 [J]. 中国社会科学，2014（4）：98-120.

[209] 费梅苹.政府购买社会工作服务中的基层政社关系研究[J].社会科学,2014(6):74-83.

[210] 费孝通."全球化"新的挑战:怎样为确立文化关系的"礼的秩序"做出贡献[J].科学与社会,2007(2):54-55.

[211] 冯长根.科技队伍建设中的"社团认可价值体系"[J].学会,2004(11):44-45.

[212] 风笑天.社会学研究方法[M].北京:中国人民大学出版社,2001.

[213] 弗兰·汤克斯,李熠煜.信任、社会资本与经济[J].马克思主义与现实,2002(5):42-49.

[214] 高凤莲,王志强."董秘"社会资本对信息披露质量的影响研究[J].南开管理评论,2015(4):60-71.

[215] 高红.城市整合:社团、政府与市民社会[M].南京:东南大学出版社,2008.

[216] 龚勤,沈悦林,严晨安.科技社团承接政府职能转移的相关政策研究——以杭州市为[J].科技管理研究,2012(6):16-19.

[217] 韩震.公共社团的兴起及其理论[J].中国社会科学,1995(2):107-120.

[218] 郝甜莉.我国科技类社会团体内部治理机制现状[J].中国管理信息化,2017(6):189-190.

[219] 胡建华.关于彰显学术权力的若干问题[J].高等教育研究,2007(10):27-31.

[220] 胡明.再组织化与中国社会管理创新——以浙江舟山"网格化管理、组团式服务"为例[J].公共管理学报,2013(1):63-70.

[221] 胡祥明.科技社团改革发展:机遇、问题、对策[J].学会,2014(1):44-45.

[222] 胡杨成,蔡宁.资源依赖视角下的非营利组织市场导向动因探析[J].社会科学家,2008(3):120-123.

[223] 黄涛珍,杨冬升.科技社团承接政府职能转移的路径研究——以江苏省为例[J].南京政治学院学报,2015(4):38-41.

[224] 黄晓春. 当代中国社会组织的制度环境与发展 [J]. 中国社会科学, 2015 (9): 146-164.

[225] 黄晓春. 当前基层社会治理创新的起点与方向 [J]. 西部大开发, 2014 (11): 70-72.

[226] 黄友直. 中国民间科技创新状况分析 [J]. 中国科技奖励, 2011 (10): 68-71.

[227] 季卫东. 通往法治的道路: 社会的多元化与权威体系 [M]. 北京: 法律出版社, 2014.

[228] 季卫华. 社团规章与合作治理 [D]. 南京: 南京师范大学, 2016.

[229] 冀鹏, 马华. 基层政治生态优化与基层治理有效性的提升 [J]. 求实, 2017 (12): 50-60.

[230] 姜琪. 政府质量、文化资本与地区经济发展——基于数量和质量双重视角的考察 [J]. 经济评论, 2016 (2): 58-73.

[231] 康丽群, 刘汉民. 企业社会资本参与公司治理的机制与效能: 理论分析与实证检验 [J]. 南开管理评论, 2015 (4): 72-81.

[232] 康晓光, 冯利. 中国 NGOs 治理: 成就与困境 [J]. 社会研究, 2004 (2): 33-35.

[233] 克特·巴克. 社会心理学 [M]. 南开大学社会系, 译. 天津: 南开大学出版社, 1984.

[234] 孔繁赋. 多中心治理诠释——基于承认政治的视角 [J]. 南京大学学报 (哲学·人文科学·社会科学), 2007 (6): 37-41.

[235] 孔祥利. 城市基层治理转型背景下的社会组织协商: 主体困境与完善路径——以北京市为例 [J]. 中国行政管理, 2018 (3): 64-68.

[236] 兰华, 付爱兰. 非营利组织在社会资本形成中的作用和表现 [J]. 人文杂志, 2005 (4): 41-44.

[237] 劳伦斯·列恩, 罗比·沃斯特. 治理与组织有效性: 政府绩效理论的视角 [J]. 宋阳旨, 译. 国家行政学院学报, 2014 (6): 121-126.

[238] 李春浩, 牛雄鹰. 国际人才流入、社会资本对创新效率的影响 [J]. 科技进步与对策, 2018 (1): 2-9.

[239] 李从浩.中国大学行政权力的合法性限度 [J].高等教育研究,2012（5）: 16-21.

[240] 李建军,王鸿生.科技社团评价的总体思路与关键指标 [J].学会,2008 （6）:35-37.

[241] 李靖,高崴.第三部门参与:科技体制创新的多元化模式 [J].科学学研究,2011（5）:658-664.

[242] 李维安,邱艾超,牛建波,等.公司治理研究的新进展:国际趋势与中国模式 [J].南开管理评论,2010（6）:13-24.

[243] 李维安.非营利组织管理学 [M].北京:高等教育出版社,2013.

[244] 李维安.关键词:有效治理 [J].新理财,2013（1）:59.

[245] 李维安.深化公司治理改革的风向标:治理有效性 [J].南开管理评论,2013（5）:1.

[246] 李维安,王世权.大学治理 [M].北京:机械工程出版社,2013.

[247] 李维安.分类治理:国企深化改革之基础 [J].南开管理评论,2014（10）:1.

[248] 李维安.社会组织治理转型:从行政型到社会型 [J].南开管理评论,2015（2）:1.

[249] 李维安,郝臣.公司治理手册 [M].北京:清华大学出版社,2015.

[250] 李维安.独立性:治理有效性的基础 [J].南开管理评论,2016（6）:1.

[251] 李维安.绿色治理:超越国界的治理观 [J].南开管理评论,2016（12）:1.

[252] 李维安.中国公司治理:从事件推动到规则引领 [J].南开管理评论,2017（3）:1.

[253] 李维安,徐建,姜广省.绿色治理准则:实现人与自然的包容性发展 [J].南开管理评论,2017（5）:23-28.

[254] 李伟伟.中国环境治理政策效率、评价与工业污染治理政策建议 [J].科技管理研究,2014（9）:20-26.

[255] 李文钊,蔡长昆.政治制度结构、社会资本与公共治理制度选择 [J].管理世界,2012（8）:43-54.

[256] 李学兰.论社会资本视野下的行业协会自治权 [J].甘肃政法学院学报,

2012（1）：46-51.

[257] 李宜钊.投资社会资本：中国非营利组织发展的另一种策略[J].海南大学学报（人文社会科学版），2010（2）：61-71.

[258] 李子彪,张静,李林琼.科学共同体的演化与发展——面向"矩阵式"科技评估体系的分析[J].科研管理，2016（S1）：11-18.

[259] 理查德•霍尔.组织、结构、过程及结果[M].张友星,等译.上海：上海财经大学出版社，2003.

[260] 梁上坤,金叶子等.企业社会资本的断裂与重构——基于雷士照明控制权争夺案例的研究[J].中国工业经济，2015（4）：149-160.

[261] 廖小东,史军.绿色治理：一种新的分析框架[J].管理世界，2017（6）：172-172.

[262] 林闽钢.社会资本视野下的非营利组织能力建设[J].中国行政管理，2007（1）：42-44.

[263] 林尚立.在有效性中累积合法性：中国政治发展的路径选择[J].复旦学报（社会科学版），2009（2）：46-54.

[264] 刘洪彬.国家治理体系现代化研究——以法治、善治与共治为视角[D].武汉：武汉大学，2014.

[265] 刘蕾.基于KANO模型的农村公共服务需求分类与供给优先序研究[J].财贸研究，2015（6）：39-46.

[266] 刘丽珑.我国非营利组织内部治理有效吗——来自基金会的经验证据[J].中国经济问题，2015（2）：98-108.

[267] 刘林平.关系、社会资本与社会转型：深圳平江村研究[M].北京：中国社会科学出版社，2002.

[268] 刘淑珍.公共治理结构转型背景下的社会组织发展与变革[J].理论学刊，2010（12）：83-86.

[269] 刘婷,李瑶.社会资本对渠道关系绩效影响的实证研究[J].科学学与科学技术管理，2013（2）：95-102.

[270] 刘雅娟,王岩.用文献计量学评价基础研究的几项指标探讨——论文、引文和期刊影响因子[J].科研管理，2000（1）：93-98.

[271] 刘延东."社会资本"理论述评 [J]. 外国社会科学,1998(3):18-21.

[272] 刘尧,余艳辉. 大学教师声誉理论与现实问题探究 [J]. 现代大学教育,2009(1):24-28.

[273] 卢艳君. 默顿规范在大科学时代的必要性及其拓展问题 [J]. 科技管理研究,2012(11):217-221.

[274] 鲁云鹏. 基于比较制度理论视角下的科技社团治理基础问题探讨 [C]. 北京:科技社团改革发展理论研讨会,2017:95-99.

[275] 鲁云鹏,李维安. 基于社会控制理论视角下的我国社会组织治理转型的路径与特征研究 [J]. 管理评论,2019(4):254-262.

[276] 鲁云鹏,李晓琳. 国家科学院治理理论研究——基于默顿科学社会学的视角 [J]. 科技管理研究,2019(11):261-266.

[277] 鲁云鹏. 科技社团治理:内涵、问题与实现 [J]. 中国科技论坛,2019(11):1-9.

[278] 鲁云鹏. 基于科学社会学理论视角下的科技社团治理有效性评价与检验 [J]. 科技进步与对策,2020(24):125-133.

[279] 鲁云鹏. 基于治理转型背景下社会资本对科技社团治理有效性的影响研究 [J]. 中国科技论坛,2021(4):150-160.

[280] 罗豪才,宋功德. 行政法的治理逻辑 [J]. 中国法学,2011(2):5-26.

[281] 罗家德,侯贵松,谢朝霞. 中国商业行业协会自组织机制的案例研究——中西监督机制的差异 [J]. 管理学报,2013(5):639-656.

[282] 罗文恩,周延风. 中国慈善组织市场化研究——背景、模式与路径 [J]. 管理世界,2010(12):65-73.

[283] 马得勇. 乡村社会资本的政治效应——基于中国 20 个乡镇的比较研究 [J]. 经济社会体制比较,2013(6):91-106.

[284] 马贵梅,樊耘,于维娜,等. 员工-组织价值观匹配影响建言行为的机制 [J]. 管理评论,2015(4):85-98.

[285] 孟庆亮,卞玲玲等. 整合 Kano 模型与 IPA 分析的快递服务质量探测方法 [J]. 工业工程与管理,2014(2):75-80,88.

[286] 南开大学公司治理研究中心公司治理评价课题组. 中国上市公司治理指

数与治理绩效的实证分析 [J]. 管理世界，2004（2）：63-74.

[287] 潘建红，卢佩玲. 多元管理与科技社团公信力提升 [J]. 科学管理研究，2018（4）：13-16.

[288] 裴志军. 谁会给政府"差评"：社会资本和生活满意度对政府评价的影响——基于中国农村社会调查的数据研究 [J]. 中国行政管理，2018（1）：98-103.

[289] 钱志刚，祝延. 大学自治的意蕴：历史向度与现实向度 [J]. 高等教育研究，2012（3）：11-17.

[290] 邱伟年，王斌，曾楚宏. 社会资本与企业绩效：探索式与利用式学习的中介作用 [J]. 经济管理，2011（1）：146-155.

[291] 曲国霞，陈正，张盟. 董事会治理机制与内部控制目标的实现——基于AHP的内部控制有效性评价 [J]. 中国海洋大学学报（社会科学版），2015（6）：30-37.

[292] 邵安. 组织间社会资本、组织间学习与公共应急组织弹复力的关联机理研究 [D]. 浙江：浙江大学，2016.

[293] 沈文浩. 非营利组织社会资本对组织公信力影响研究 [D]. 长沙：湖南大学，2014.

[294] 石碧涛，张捷. 社会资本与行业协会的治理绩效分析——以广东东莞行业协会为例 [J]. 经济管理，2011（5）：165-174.

[295] 石国亮. 慈善组织公信力的影响因素分析 [J]. 中国行政管理，2014（5）：95-100.

[296] 时影，罗亮. 网络公共空间的有效治理：目标、主体与手段 [J]. 中共天津市委党校学报，2016（6）：78-84.

[297] 苏程程. 中国公益性基金会市场化运作研究 [D]. 南京：南京大学，2015.

[298] 孙发锋. 中国政府向社会组织转移职能：机理、模式与特点 [J]. 广西社会科学，2015（8）：118-122.

[299] 孙兰英，陈艺丹. 信任型社会资本对社会组织发展影响机制研究 [J]. 天津大学学报（社会科学版），2014（7）：336-339.

[300] 谈毅，慕继丰. 论合同治理和关系治理的互补性与有效性 [J]. 公共管理

学报，2008（3）：56-62.

[301] 汤丹剑. 关于科技社团承接政府转移职能工作的思考 [J]. 科协论坛，2014（9）：12-14.

[302] 汤浅光朝. 科学中心的转移 [J]. 赵红洲，译. 科学与哲学，1979（2）：53-73.

[303] 唐国平，李龙会，吴德军. 环境管制、行业属性与环保投资 [J]. 会计研究，2013（6）：83-89.

[304] 唐松，孙峥. 政治关联、高管薪酬与企业未来经营绩效 [J]. 管理世界，2014（5）：93-105.

[305] 陶传进. 社会组织的第三方评估 [J]. 中国社会组织，2016（12）：46-48.

[306] 田凯. 非协调约束与组织运作——中国慈善组织与政府关系的个案研究 [M]. 北京：商务印书馆，2004.

[307] 万生新，李业平. 社会资本对非政府组织发展的影响研究 [J]. 理论探讨，2013（3）：39-42.

[308] 汪大海，谢海瑛. 学术团体承接政府转移职能模式研究 [J]. 中国软科学，2007（3）：35-44.

[309] 汪锦军. 浙江政府与民间组织的互动机制：资源依赖理论的分析 [J]. 浙江社会科学，2008（9）：31-37.

[310] 汪信砚. 全球化中的价值认同与价值观冲突 [J]. 哲学研究，2002（11）：22-26.

[311] 汪志强. 我国非政府组织：检视、批评与超越 [J]. 武汉大学学报（哲学社会科学版），2006（2）：191-196.

[312] 王才章. 在合法与有效之间：一个外地务工人员社会组织的形成与运作 [J]. 广州大学学报（社会科学版），2016（6）：91-96.

[313] 王春超，周先波. 社会资本能影响农民工收入吗？——基于有序响应收入模型的估计和检验 [J]. 管理世界，2013（9）：55-68.

[314] 王春法. 充分发挥科技社团在国家创新体系建设中的作用 [J]. 科技论坛，2006（11）：4-6.

[315] 王春法. 关于科技社团在国家创新体系中地位和作用的几点思考 [J]. 科

学学研究，2012（10）：1445-1448.

[316] 王刚，宋锴业. 治理理论的本质及其实现逻辑 [J]. 求实，2017（3）：50-65.

[317] 王海栗. 行业协会中强势会员的不正当行为 [J]. 西南政法大学学报，2008（2）：49-57.

[318] 王利民. 民主治校视角下的学术权力与行政权力 [J]. 中国高等教育，2005（9）：5-7.

[319] 王名，蔡志鸿，王春婷. 社会共治：多元主体共同治理的实践探索与制度创新 [J]. 中国行政管理，2014（12）：16-19.

[320] 王名，贾西津. 中国NGO的发展分析 [J]. 管理世界，2002（9）：30-45.

[321] 王名，贾西津. 试论基金会的产权与治理结构 [J]. 公共管理评论，2004（1）：115-125.

[322] 王世权，刘桂秋. 大学治理中的行政权力：价值逻辑、中国语境与治理边界 [J]. 清华大学教育研究，2012（2）：100-106.

[323] 王向民. 分类治理与体制扩容：当前中国社会组织治理 [J]. 华东师范大学学报（哲学社会科学版），2014（5）：87-96.

[324] 王霄，胡军. 社会资本结构与中小企业创新 [J]. 管理世界，2005（7）：116-122.

[325] 王杨，邓国胜. 社会资本视角下青年社会组织培育的逻辑 [J]. 中国青年研究，2015（7）：47-51.

[326] 王卓君. 现代大学理念的反思与大学使命 [J]. 学术界，2011（7）：134-143.

[327] 危怀安，吴秋凤，刘薛. 促进科技社团发展的税收支持政策创新 [J]. 科技进步与对策，2012（5）：108-112.

[328] 韦景竹，曹树金，陈忆金. 基于读者需求的城市公共图书馆服务质量评价模型研究——以广州图书馆为例 [J]. 图书情报知识，2015（6）：36-47.

[329] 隗斌贤，俞学慧，顾继红. 对新形势下科技社团秘书处工作与秘书长角色定位的新思考 [J]. 学会，2014（4）：34-38.

[330] 文国峰. 日本民间非营利组织：法律框架、制度改革和发展趋势 [J]. 学

会，2006（10）：3-13.

[331] 问延安，徐济益. 社会信任和组织激励非营组织诚信治理的路径选择 [J]. 长春工业大学学报，2010（2）：44-47.

[332] 吴宝. 从个体社会资本到集体社会资本——基于融资信任网络的经验证据 [J]. 社会学研究，2017（1）：125-147.

[333] 吴迪，邓国胜. 基于使命和宗旨视角的科技社团能力要素模型构建 [J]. 中国非营利评论，2018（2）：174-179.

[334] 吴军民. 行业协会的组织运作：一种社会资本的分析视角——以广东南海专业镇行业协会为例 [J]. 管理世界，2005（10）：50-57.

[335] 西摩·马丁·李普塞特. 政治人：政治的社会基础[M]. 张绍宗，译. 上海：上海人民出版社，1997.

[336] 郗永勤. 学会秘书长职业标准研究 [J]. 学会，2009（1）：3-8.

[337] 肖兵. 从专职到职业化：科技社团制度创新的发展趋势 [J]. 学会，2008（1）：33-35.

[338] 肖兴志，王伊攀. 政府补贴与企业社会资本投资决策——来自战略性新兴产业的经验证据 [J]. 中国工业经济，2014（9）：148-160.

[339] 谢晓霞. 中国慈善基金会的管理效率研究 [J]. 中国行政管理，2015（10）：74-79.

[340] 熊艾伦，蒲勇健. 社会资本与个人创新意识关系研究 [J]. 科技进步与对策，2017（6）：26-31.

[341] 徐家良，张玲. 治理结构、运行机制与政府关系：非营利组织有效性分析——浙江省义乌市玩具行业协会个案 [J]. 北京行政学院学报，2005（4）：11-14.

[342] 徐靖. 论法律视域下社会公权力的内涵、构成及价值 [J]. 中国法学，2014（1）：79-101.

[343] 徐顽强，胡经纬，乔纳纳. 科技社团如何均衡发展——以武汉市为例 [J]. 中国高校科技，2018（10）：18-21.

[344] 徐顽强，朱喆. 市场化环境下科技社团生存状况及对策建议研究——以武汉市为例 [J]. 科技管理研究，2015（18）：59-65.

[345] 徐祥运，林琳，徐旭. 默顿科学社会学思想的发展：从科学与社会的互动到科学共同体 [J]. 青岛科技大学学报（社会科学版），2013（3）：60-67.

[346] 徐宇珊. 非对称性依赖：中国基金会与政府关系研究 [J]. 中国行政管理，2008（1）：33-40.

[347] 许鹿，孙畅，王诗宗. 政治关联对社会组织绩效的影响研究——基于专业化水平的调节效应 [J]. 行政论坛，2018（4）：128-133.

[348] 薛美琴，马超峰. 合法与有效：异地商会内外治理的策略研究 [J]. 公共管理学报，2017（7）：112-123.

[349] 颜克高. 公益基金会的理事会特征与组织财务绩效研究 [J]. 中国经济问题，2012（1）：84-91.

[350] 颜廷武，何可，张俊飚. 社会资本对农民环保投资意愿的影响分析——来自湖北农村农业废弃物资源化的实证研究 [J]. 中国人口·资源与环境，2016（1）：158-164.

[351] 燕继荣. 投资社会资本——政治发展的一种新维度 [M]. 北京：北京大学出版社，2006.

[352] 杨红梅. 科技社团的核心竞争力及其研究途径 [J]. 自然辩证法研究，2011（9）：88-92.

[353] 杨红梅. 科技社团核心竞争力的认识模型及实现初探 [J]. 科学学研究，2012（5）：654-659.

[354] 杨杰. 社会转型期中国体育科学学会改革研究 [D]. 北京：北京体育大学，2015.

[355] 杨丽华，刘宏福. 绿色治理：建立美丽中国的必由之路 [J]. 中国行政管理，2014（11）：6-12.

[356] 杨文志. 现代科技社团概论 [M]. 北京：科学普及出版社，2006.

[357] 杨雪冬. 全球化、风险社会与复合治理 [J]. 马克思主义与现实，2004（4）：61-77.

[358] 杨玉龙，潘飞，张川. 差序格局视角下的中国企业业绩评价 [J]. 会计研究，2014（10）：66-73.

[359] 姚华. NGO 与政府合作中的自主性何以可能？——以上海 YMCA 为个案 [J]. 社会学研究, 2013（1）: 21-42.

[360] 尹广文. 从行政化控制到体制性吸纳：改革开放以来中国社会组织治理问题研究 [J]. 南京政治学院学报, 2016（2）: 53-60.

[361] 游家兴, 邹雨菲. 社会资本、多元化战略与公司业绩——基于企业家嵌入性网络的分析视角 [J]. 南开管理评论, 2014（5）: 91-101.

[362] 俞可平. 改革开放 30 年政府创新的若干经验教训 [J]. 国家行政学院学报, 2008（3）: 19-21.

[363] 俞可平等. 中国公民社会的兴起与治理的变迁 [M]. 北京: 社会科学文献出版社, 2002.

[364] 余明桂, 潘洪波. 政治关系、制度环境与民营企业银行贷款 [J]. 管理世界, 2008（8）: 9-20.

[365] 袁方成, 陈印静. 制度变革与商会治理的转型 [J]. 社会主义研究, 2013（6）: 76-85.

[366] 张佰明. 嵌套性：网络微博发展的根本逻辑 [J]. 国际新闻界, 2010（6）: 81-85.

[367] 张方华. 知识型企业的社会资本与技术创新绩效的关系研究 [D]. 浙江: 浙江大学, 2004.

[368] 张华. 连接纽带抑或依附工具：转型时期中国行业协会研究文献述评 [J]. 社会, 2015（3）: 221-240.

[369] 张戟晖, 张玉婷. 青年社会组织创新与有效性成因探析 [J]. 中国青年社会科学, 2015（6）: 61-66.

[370] 张捷, 张媛媛. 商会治理的基本特征及中国的经验证据 [J]. 经济管理, 2009（11）: 148-153.

[371] 张举, 胡志强. 英国科技社团参与决策咨询的功能分析 [J]. 科技管理研究, 2014（2）: 27-30.

[372] 张澧生. 社会组织治理研究 [M]. 北京: 北京理工大学出版社, 2015.

[373] 张立民, 李晗. 我国基金会内部治理机制有效吗？[J]. 审计与经济研究, 2013（2）: 79-88.

[374] 张梁梁,杨俊.社会资本、政府治理与经济增长[J].产业经济研究,2018(2):91-102.

[375] 张明妍,张丽,王国强,等.科技社团中女性发展现状与对策研究[J].科学学研究,2016(9):1404-1407.

[376] 张枢盛,陈继祥.中国海归基于二元网络的创业理论模型研究[J].经济与管理研究,2012(12):77-84.

[377] 张思光,缪航,曾家焱.知识生产新模式下科技社团科技评价的功能研究[J].管理评论,2013(11):115-122.

[378] 张婷婷,王志章.我国地方科技社团发展的现状与对策研究——以重庆市为例[J].重庆邮电大学学报(社会科学版),2014(1):135-141.

[379] 张昕音.我国科技社团的职能研究[D].兰州:兰州大学,2010.

[380] 张新国,向绍信.大科学时代背景下科研项目进度优化研究[J].科技管理研究,2014(9):198-202.

[381] 张恂.组织化——构建社会资本的有效手段[J].经营与管理,2016(9):14-16.

[382] 赵立新.科技社团绩效评价四维框架模型研究[J].科研管理,2011(12):151-156.

[383] 赵晶,郭海.公司实际控制权、社会资本控制链与制度环境[J].管理世界,2014(9):160-171.

[384] 赵婷婷,于旸.美国大学中的行政权力及其对教师学术自由的影响[J].高等教育研究,2006(12):86-93.

[385] 赵雪雁.社会资本测量研究综述[J].中国人口·资源与环境,2012(7):127-133.

[386] 赵雪雁.社会资本与经济增长及环境影响的关系研究[J].中国人口·资源与环境,2010(2):68-73.

[387] 赵延东,罗家德.如何测量社会资本——一个经验研究综述[J].国外社会科学,2005(2):18-24.

[388] 郑海涛,谢洪明,杨英楠,等.技术创新的影响因素的"CCLEII"模型研究[J].科研管理,2011(10):1-9.

[389] 郑江淮，江静. 理解行业协会 [J]. 东南大学学报（哲学社会科学版），2007（6）：55-62.

[390] 周大亚. 科技社团在国家创新体系中的地位与作用研究述评 [J]. 社会科学管理与评论，2013（4）：69-84.

[391] 周进国，周爱光. 体育社团结构型社会资本的培育研究 [J]. 武汉体育学院学报，2018（2）：16-20.

[392] 周进国，周爱光. 体育社团社会资本的概念与功能 [J]. 体育学刊，2015（1）：41-44.

[393] 朱慧，周根贵. 社会资本促进了组织创新吗？——一项基于 Meta 分析的研究 [J]. 科学学研究，2013（11）：1717-1725.

[394] 朱家德. 我国大学治理有效性的历史考察 [J]. 中国高教研究，2014（7）：25-31.

[395] 朱喆. 科技社团资源依赖行为研究 [D]. 武汉：华中科技大学，2016.

[396] 庄玉梅. 多层次视角的组织社会资本研究回顾与拓展 [J]. 科研管理，2015（1）：98-103.